AF395030
AF395030

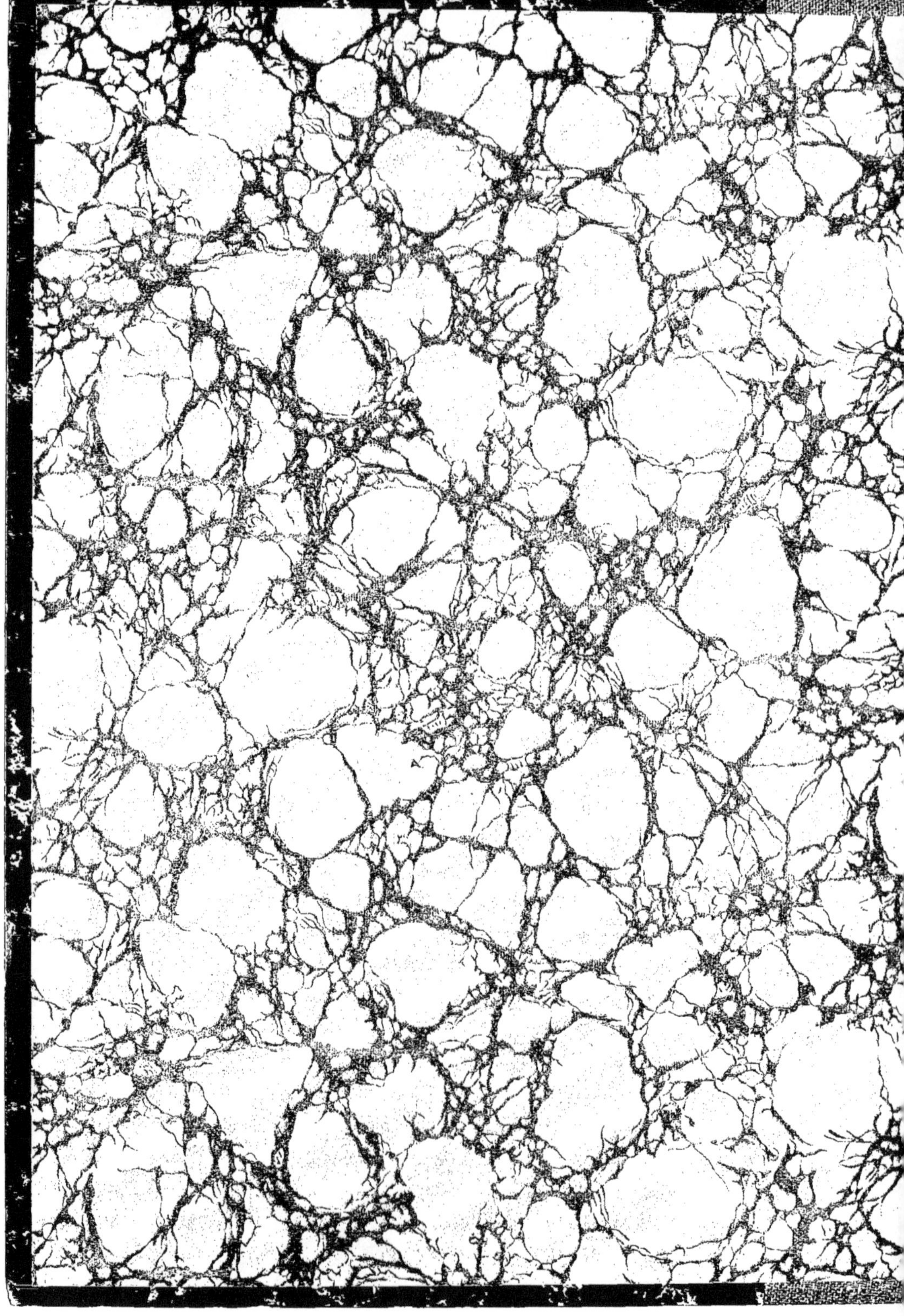

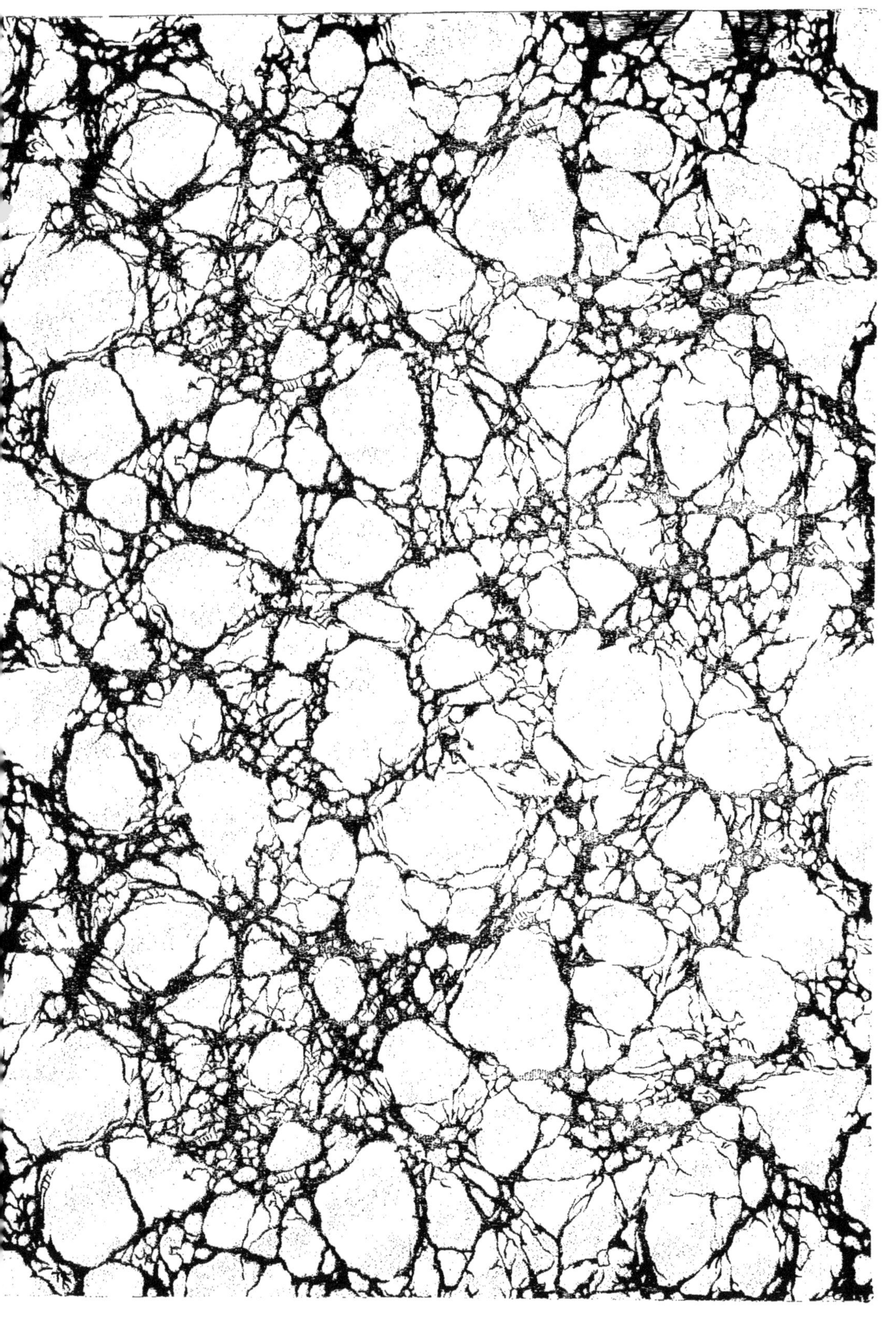

EXPOSITION UNIVERSELLE INTERNATIONALE
DE 1889, A PARIS

EXPOSITION RÉTROSPECTIVE
SECTION III — ARTS ET MÉTIERS

FAUCONNERIE

CATALOGUE ILLUSTRÉ

Par S. ARCOS, Rd. BALZE, MALHER, VALLET, etc.

PARIS

LIBRAIRIE LÉOPOLD CERF

13, RUE DE MÉDICIS, 13

1890

FAUCONNIER ET PAGE DU CABINET DU ROI

ATTACHÉ A LA GRANDE FAUCONNERIE (LOUIS XV)

D'après les figurines découpées de P. Lesueur appartenant à M. Bidault de L'Isle.

EXPOSITION UNIVERSELLE INTERNATIONALE
DE 1889, A PARIS

EXPOSITION RÉTROSPECTIVE
SECTION III — ARTS ET MÉTIERS

FAUCONNERIE

CATALOGUE ILLUSTRÉ

PAR S. ARCOS, Rd. BALZE, MALHER, VALLET, etc.

PARIS

LIBRAIRIE LÉOPOLD CERF

13, RUE DE MÉDICIS, 13

1890

Tous droits réservés

N° 20

Falconariæ Dianæ

Quand sur ton poing ganté, le tiercelet fidèle
Reviendra se poser, superbe et radieux,
Tu songeras qu'il n'est pas le seul qu'enforcèle
Le timbre de ta Voix ou l'éclat de tes yeux.
Aspirant à ta main et ne pouvant l'atteindre,
Ton chien, plus humblement, près de toi se rassied ;
Tu peux le consoler quand tu l'entendras geindre,
Pour un simple regard, il léchera ton pied.
Et si l'oiseau pour toi renonce à la lumière,
Si le chien est heureux de porter ton collier,
Actéon de son sang empourpre la bruyère
Et meurt en soupirant ton nom sous le hallier.

A. P.

L'EXPOSITION DE FAUCONNERIE

En réunissant, dans la Section III de l'Histoire du Travail, un certain nombre d'objets de fauconnerie et de gravures illustrant l'art de dresser les oiseaux de proie pour la chasse, les fauconniers contemporains n'ont pas eu la prétention de faire l'histoire rétrospective complète d'un mode de chasse dont l'origine remonte à la plus haute antiquité, mais ils ont voulu montrer que la fauconnerie n'est pas abandonnée en Europe comme on le croit généralement, et que les traditions des d'Arcussia, des Franchières, des Boissoudan et autres illustres fauconniers d'autrefois, ont été soigneusement conservées pendant le siècle qui vient de s'écouler. On peut sans hésiter dire qu'il n'est pas probable que même aux beaux temps de l'art de la volerie, il y ait eu des fauconniers de profession plus habiles, ou des oiseaux mieux dressés que ceux que l'on rencontre aujourd'hui. Il y a plus. Détrônée comme moyen de chasse et d'approvisionnement par les engins destructeurs des temps modernes, la fauconnerie n'en conserve que davantage son caractère noble et artistique. Il ne s'agit plus pour elle de pourvoir aux nécessités matérielles de la vie, mais de vaincre des difficultés qui sembleraient insurmontables au premier abord, par la persévérance, la patience, la douceur, l'habileté, qualités qu'elle est éminemment propre à développer chez ses adeptes et qui trouvent leur application ailleurs que dans les simples plaisirs des champs. Les fauconniers modernes estiment, en outre, qu'en conservant ce vieux mode de chasse ils concourent à augmenter l'attrait de la vie rurale, et ils s'efforcent de faire partager à leurs contemporains un enthousiasme qui n'a pour objectif ni l'appât du lucre, ni la satisfaction de passions blâmables.

Le catalogue des objets et gravures de fauconnerie qui figurent à l'Exposition n'est donc qu'un tableau abrégé de l'Histoire de la fauconnerie pendant le dernier siècle. On y suivra la transformation des tenues et des équipages de chasse au vol, depuis les somptueux vêtements et uniformes du xviiiᵉ siècle, jusqu'au veston démocratique des temps modernes. Les portraits des fauconniers les plus célèbres figurent dans cette galerie. Puis autour de cette histoire par images, on a groupé les ustensiles usités non seulement en Europe, mais encore jusqu'au Japon, depuis les temps les plus reculés et qui ont peu changé de forme, et enfin les traités modernes de fauconnerie qui ne sont pas de simples compilations, mais le résultat d'une pratique sérieuse et des observations personnelles de leurs auteurs.

CATALOGUE

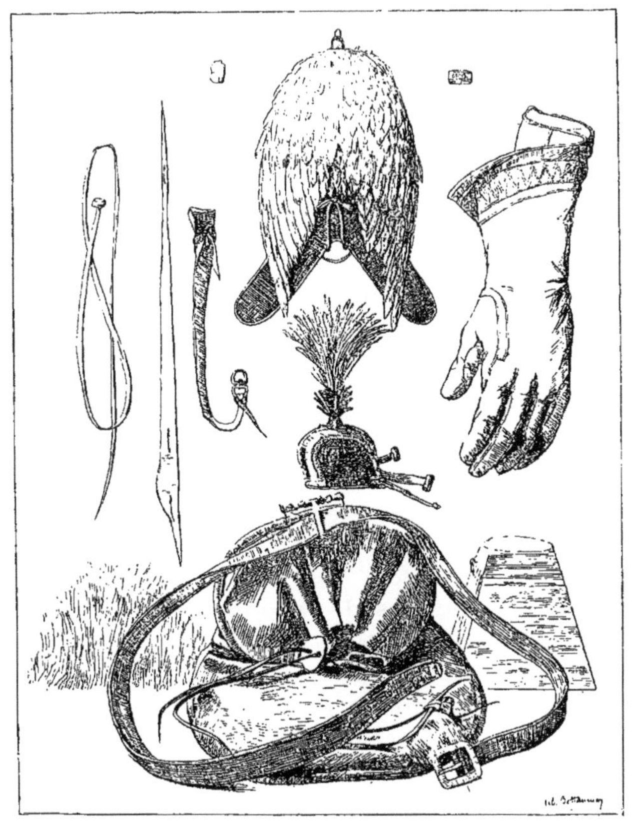

USTENSILES DE FAUCONNERIE.

(Planche tirée du *Manuel pratique du Fauconnier* de G. Foye.)

Exposant : LE JARDIN ZOOLOGIQUE D'ACCLIMA-
TATION DE PARIS, représenté par M. PORTE, secrétaire du conseil.

Le Jardin d'Acclimatation a beaucoup aidé à la renaissance de
la fauconnerie en France, en facilitant aux amateurs les moyens de
se procurer les oiseaux et les ustensiles de chasse et en plaçant à
plusieurs reprises sous les yeux de ses nombreux visiteurs des
oiseaux dressés.

1. — **Cage de fauconnerie.** — On désigne sous ce
nom un cadre muni de bretelles et rembourré
sur les bords qui sert à porter les oiseaux de vol
à la chasse.

2. — **Gibecière de fauconnier.** — Cette gibecière en
drap vert doublé de toile est montée au moyen
d'un touret sur un ceinturon en cuir, de façon à
pouvoir être maniée facilement dans tous les
sens. Elle a de nombreuses poches commodé-
ment disposées pour placer les leurres morts ou
vifs et les ustensiles de chasse. Le spécimen ex-
posé se fabrique en Hollande au village de Valkenswaard.

3. — **Dix chaperons de faucon** de différentes tailles.
De fabrication hollandaise comme la gibecière.

4. — **Un chaperon de « rust ».** Tout en cuir, sans
ornement ni panache, se fixant par un nœud
fixe, devant servir pour le dressage, et qu'on
laisse sur l'oiseau qu'on vient de prendre sauvage pendant les premiers temps de sa captivité.

5. — **Boîte au pât.** En fer blanc, servant à contenir le

repas du faucon après qu'il a fait prise. La boîte se place dans une des poches de la gibecière.

Exposant : M. Paul GERVAIS, au château de Rosoy, par Acy-en-Multien (Oise).

1. — **Dix chaperons** de fabrication hollandaise.

2. — **Un chaperon « de rust »** pour le dressage.

3. — **Un chaperon arabe** en velours violet et broderies d'or qui provient d'un chef arabe de grande tente (Algérie).

4. — **Un gant de fauconnier arabe** avec crispin en velours violet et broderies d'or. (Même provenance.)

5. — **Une longe arabe** en soie tressée et tourillons en fer étamé. Se fixe aux tarses du faucon par des coulants. (Même provenance.)

6. — **Filet de soie** à mailles de 0,05 ; panneau carré de 1 m., 20 servant à prendre les faucons sauvages.

7. — **Filet de corde** à mailles de 0,04. Même usage.

8. — **Chaperon d'aigle Kirghiz.** — Ce chaperon était celui de l'aigle doré (*Aquila Chrysætos*) rapporté du Turkestan par MM. Benoît-Maichin et de Mailly-Nesles. Il a vécu longtemps à la

fauconnerie de Rosoy où il avait été nommé
« Auguste ». Dressé pour le loup et autres gros
gibiers, on lui faisait prendre des chats sauvages
et des renards.

CHAPERON D'AIGLE KIRGHIZ
De l'Equipage de Rosoy.

9. — **Un cadre** réunissant six photographies de l'Equipage de Rosoy dont trois représentent l'aigle
ci-dessus mentionné dans diverses attitudes.

« AUGUSTE »

L'aigle doré de l'Équipage de Rosoy.

Exposant : M. Tony CONTE, ancien ministre plénipotentiaire, 25, rue du Général Foy, Paris.

Collection d'ustensiles de fauconnerie du Japon.

FAUCONNIER JAPONAIS.

1. — **Deux « frist-frast » japonais.** — Bâtonnets terminés par un pinceau de crin végétal, usités au Japon pour lustrer les plumes et nettoyer le bec et les pattes des faucons.

FAUCONNIER JAPONAIS DONNANT LE PÂT A UN AUTOUR.

2. — Pelle en bois pour donner à manger aux Faucons.

3. — Une longe et ses jets. Tresse de soie blanche
pour éperviers.

4. — Longe et ses jets. Tresse en soie orange.

5. — Gant de fauconnier japonais en peau de daim
blanche.

6. — Idem.

7. — Gant de fauconnier japonais en peau de daim
blanche.

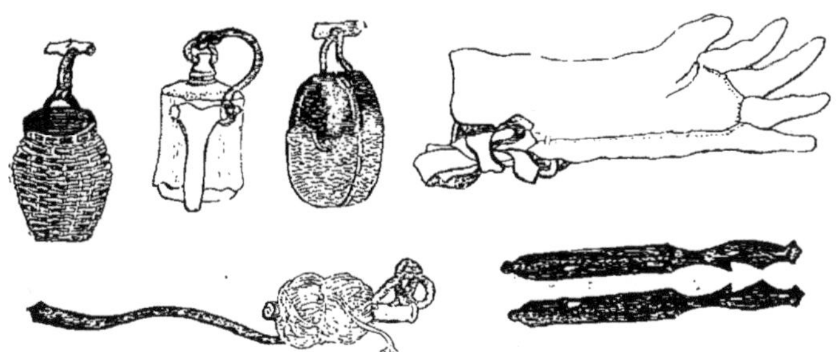

USTENSILES DE FAUCONNERIE JAPONAISE.

8. — Petite bobine de soie dite « filière » pour tenir
le Faucon.

9. — Grande bobine de soie, idem.

10. — Petite boîte au pât en laque noire et son étui.

11. — Grande boîte, idem.

12. — Flacon en bambou pour porter la provision
d'eau du Faucon.

13. — **Panier à pât** en jonc tressé.

14. — **Panier à pât**, idem.

15. — **Sachet de fauconnier pauvre du Japon.** En grosse toile avec un simple marron d'Inde percé pour coulant.

SACHETS DE FAUCONNIER JAPONAIS.

16. — **Bambous** pour dévider des filières.

17. — **Jets japonais et grelots** pour Faucons.

18. — **Sifflets à Pigeon** que l'on fixe sur la queue des Pigeons en Chine et au Japon pour effrayer les oiseaux de proie qui les poursuivent.

LE COLONEL THORNTON
(1757-1823).

Exposant : M. LE COMTE ROY DE PUYFONTAINE,
ancien ministre plénipotentiaire, 134, avenue de Fried-
land, Paris.

Collection de photographies faites par lui-même.

D'après la collection de M. Pichot pour illustrer l'*Histoire de la fauconnerie.*

1. — **Fauconniers anglais de la fin du XVIIIe siècle,**
   d'après le tableau de Ansdell, de l'Académie Royale.

2. — **Le colonel T. Thornton,** de Thornville Royal,
   dans le Yorkshire (1757-1823) d'après le portrait
   appartenant à Lord Rosebery et qui se trouve
   dans sa résidence de « the Dardanus » à Epsom.
   Le Colonel a sur le poing son faucon favori « Sans-
   Quartier ».

   Ce célèbre fauconnier anglais fonda le *Falconer's Club*
   de Alconbury Hill avec le comte d'Orford, le comte
   d'Eglington, MM. Colquhoun, Parson, Ed. Parson, le duc
   de Rutland et M. P. Stanley. On y fit notamment de beaux
   vols de milan. Après avoir fait en France, en 1802, un
   célèbre voyage de sport et d'études, il revint se fixer dans
   ce pays en 1814. Il habita, comme locataire, le château de
   Chambord qui appartenait alors à la famille de Wagram et
   fit l'acquisition de Pont-le-Roi, aujourd'hui à M. Casimir-
   Perier. Il mourut à Paris le 10 mars 1823. Également
   célèbre par ses pêches hasardeuses sur les lacs d'Écosse,
   ses chiens d'arrêt et ses chevaux de course, le colonel
   a laissé plusieurs ouvrages de sport et de voyages d'un
   très grand intérêt. Le médaillon placé au bas de son
   portrait rappelle le fameux match couru par sa femme,
   Mrs Thornton, contre M. Flint, à Knavesmire en août 1804.

3. — **Le même colonel Thornton** en maître d'équipage de foxhounds. (Vers 1800.) D'après un
   fameux tableau de Reinagle de l'Académie Royale
   qui a été gravé par Scott sous le titre de : « The
   Fox breaking cover », le débucher du renard.

VOL DU FAISAN DANS UNE CLAIRIÈRE EN ANGLETERRE.
Extrait des *Oiseaux de Sport*.

4 à 7. — Fauconnerie anglaise de 1830 à 1840 :
Quatre scènes de chasse au vol d'après les estampes coloriées de F. C. Turner, gravées par Reeve et dédiées à Sa Grâce le duc de Saint-Albans, grand fauconnier héréditaire d'Angleterre. Planches intéressantes pour les costumes de sportsmen de l'époque :

Pl. I. *Disgorging.*   Pl. III. *The fatal stoop.*
Pl. II. *The Rendez-vous.* Pl. IV. *The Departure.*

VOL DU CANARD EN ANGLETERRE AVEC L'AIDE DE FIELD SPANIELS.
Extrait des *Oiseaux de Sport*.

SA MAJESTÉ LA REINE SOPHIE DES PAYS-BAS AU LOO.

LE VOL DU HÉRON (PL. 1).

1 Verster von Wulverhorst.	7 Le duc de Leeds.	13 Le baron Verschum.	19 Jean Peels.
2 Le Professeur Schlegel.	8 Lord Strathmore.	14 Le prince Hendrik.	20 Paul Mollen.
3 Fr. Van den Heuvel.	9 Le baron Sloët de Coutenburg.	15 La baronne Verschum.	21 Adrien Mollen.
4 M. E.-C. Newcome.	10 S. A. R. le prince Alexandre.	16	22 P. Bekkers.
5	11 Lord C. Hamilton.	17	
6 M. Night.	12	18	

8. — **Le Royal Loo Hawking Club** (Hollande 1840-
1852), d'après le grand ouvrage in-folio du
Professeur Schlegel, de Leyde. Deux planches
de cet ouvrage représentent le vol et la prise
du héron sur les bruyères qui entourent le
château royal et la héronnière du Loo. Tous
les personnages qui figurent dans ces scènes
sont les portraits des sportsmen célèbres de
l'époque, Français, Anglais et Hollandais, qui
faisaient partie de cette célèbre association de
fauconniers et d'amateurs de chasse au vol.
On y reconnaît notamment (Pl. 1), à côté des
deux auteurs du *Traité de fauconnerie* le
Professeur Schlegel (2) et M. Verster de Wulverhorst (1), le dernier fauconnier de Louis XVI,
François Van den Heuvel (3) et les Mollen (20-

LE VOL DU HÉRON (PL. 2).

1 S. M. la Reine de Hollande.	6 Lord Seymour.	10 M. Milbank.
2 Le baron de Constant Rebecque.	7	11 Jean Van den Boom.
3 Le comte de Noailles.	8 Le baron Van Tuyll Van	12 M. E. C. Newcome.
4 Sir Alexander Malet.	Serooskerken.	13 J. Bots.
5 S. M. le Roi Guillaume III.	9	

21) qui piègent encore de nos jours les faucons de passage à Valkenswaard pour la remonte des équipages. Quelques membres de la famille royale des Pays-Bas figurent aussi dans l'une et l'autre planche ; sous le même cadre, entre ces deux planches, on a placé le portrait de la Reine Sophie des Pays-Bas, dans le costume d'amazone qu'elle portait aux chasses du Loo, d'après un portrait de Montpezat, lithographié par Charpentier, dans la collection des « Amazones » de Goupil.

JOHN BARR

Fauconnier en chef de l'Équipage de Champagne

ET SON AIDE PHILIPPE.

9. — **L'Equipage de Fauconnerie de Champagne (1866).** Société de chasse au faucon sous la présidence de M. le Comte Alfred Werlé, de Reims, qui était établie au camp de Chàlons. Le fauconnier en chef était le fameux fauconnier écossais John Barr, anciennement au service du Maharajah du Punjab, Dhuleep Singh.

10. — **William Corbet,** Esq., célèbre fauconnier irlandais contemporain.

11. — **Fauconnier arabe à cheval** (Algérie). D'après l'eau-forte d'un tableau de Fromentin.

12. — **Fauconniers arabes sous la tente** (Algéric). D'après l'eau-forte d'un tableau d'Hédouin.

UN SOCIÉTAIRE DE L'ÉQUIPAGE DE CHAMPAGNE.

Exposant : M. Edmond BARRACHIN, 4, rue Saint-Florentin, Paris.

« JUPIN »

Aigle Bonelli appartenant à M. Barrachin.

1. — Un Chaperon arabe à coulisse.

2. — Un Chaperon de Tunisie en cuir rouge et broderie de soie.

3. — Idem.

4. — Une paire de jets tunisiens en cuir rouge. (Lanières qui restent à demeure sur les tarses du faucon.)

5. — Un jet tunisien monté sur un tarse de lanier pour faire voir le mode d'attache.

6. — Un gant de fauconnier européen en daim gris.

7. — Un gant de fauconnier européen en daim jaune.

8. — Un gant de Tunisie orné de broderies de soie.

9. — Un gant de fauconnier japonais.

10. — Un cadre de six photographies de l'équipage de Beauchamp à M. E. Barrachin, comprenant entre autres le portrait d'un des deux aigles Bonelli que possède l'équipage (Jupin) et un des autours (Junon). Les aigles comme les autours sont dressés à prendre le lièvre et le lapin.

« JUNON »

Autour mué appartenant à M. Barrachin.

M. FLEMING (DE BAROCHAN) ET SON ÉQUIPAGE.
D'après le tableau de Howe (1811).

Exposant : M. le Major C. HAWKINS FISHER, the
Castle ; Stroud, Glocestershire, Angleterre.

1. — **Plusieurs photographies** représentant son équipage qui est un des plus importants de l'Angleterre. C'est vers 1858 que le Major Fisher a
commencé à entretenir des faucons. Il fut, en
1864, avec l'Hon. Cecil Duncombe, un des fon-
dateurs du « Old Hawking Club ». Après avoir
volé des perdrix dans le South Wiltshire, il
faisait chaque automne un déplacement aux
environs de Chitterne et West Lavington avec
des faucons niais. Pendant ces dernières années
il a obtenu de très grands succès dans le vol
du grouse dont il a pris, en 1886 94 pièces,
en 1887 111, en 1888 149, en 1889 121. Ses
fauconniers sont James et William Rutford.
L'équipage a à son rang : deux chevaux, quatre
chiens d'arrêt et une moyenne de huit faucons
pèlerins. Les faucons de passage sont préférés
pour le grouse comme étant plus lourds et plus
forts. Un des tiercelets de l'équipage compte
400 perdrix à son actif ; un faucon niais « Lundy »
a tué, en 1889, 64 grouses et une sarcelle. Cet
oiseau est depuis cinq ans à l'équipage.

LE MAJOR C. HAWKINS FISHER.

Exposant : The Hon. Gerald LASCELLES, secrétaire du « Old Hawking Club ». Queen's House, Lyndhurst, Hampshire, Angleterre.

Le O. H. C. fondé en 1863-64 par l'Hon. Cecil Duncombe et quelques autres amateurs compte aujourd'hui parmi ses membres : Lord Lilford, F. Newcome, Esq., W.-H. Saint-Quintin, Esq., le comte de Londesbrough, B. Heywood Jones, Esq., le duc de Saint-Albans grand fauconnier héréditaire d'Angleterre, le duc de Portland, l'Hon. E. W. B. Portman et l'Hon. Gerald Lascelles. Membres honoraires : l'Hon. Cecil Duncombe, le révérend W. Newcome, l'Hon. G. R. C. Hill, le colonel Brooksbank, F. H. Salvin, Esq. Le fauconnier en chef, depuis seize ans, est John Frost qui a succédé à John Barr, dont le frère fut également au service du Club. L'équipage compte de 12 à 15 faucons pèlerins et 1 autour. Il se remonte principalement en faucons de passage pris en Hollande. Ses prises sont de 100 à 230 corbeaux pendant le déplacement annuel sur les dunes de Salisbury et de 300 à 350 pièces de gibier (grouses, perdrix, etc.), dans les autres localités où ont lieu les vols.

1. — Photographie d'un tableau de Howe (1811) qui représente l'équipage de M. Fleming de Barochan Towers, Renfrewshire. Dans ce tableau, outre M. Fleming, qui est à cheval, nous voyons au centre son fauconnier écossais le célèbre John Anderson et son aide George Harvey.

2. — Portrait du fauconnier écossais John Anderson en costume du temps de Jacques Ier. Ce costume était la livrée de la maison d'Athol qu'il revêtit au couronnement de Georges IV, le 19 juillet 1821, pour faire hommage au roi, selon l'usage, d'un couple de faucons dont les ducs d'Athol étaient redevables à la couronne comme tenanciers de l'île de Man.

Fauconnier de l'Équipage de Barochan
en costume d'apparat au couronnement de Georges IV.
(19 juillet 1821).

3. — **Photographie d'une planche intitulée « Hawking »**, publiée en 1780 et dédiée aux membres du Falconers's Club d'Alconbery Hill que présidait le colonel Thornton. Il y est représenté reprenant un faucon sur un héron.

4. — **« Empress »** photographie d'un portrait d'un célèbre faucon du Old Hawking Club, peint par Keulemans, en 1873. En 1874, ce faucon prit à lui seul dans sa saison de printemps 65 corneilles.

5. — **Portrait de John Frost,** le fauconnier en chef actuel du « Old Hawking Club ».

Exposant : Le capitaine BIDDULPHE.

1. — **Faucon sacre des Indes** (Cherrug). Portrait d'un oiseau ayant appartenu à l'exposant et qui était remarquable pour le vol du milan.

2. — **« Dauntless »** jeune faucon passager Indien ayant appartenu à l'exposant, et qui a pris dans sa dernière saison de chasse 21 hérons, 11 aigrettes et 11 ibis.

3. — **Tiercelet de faucon indien.**

4. — **« Bifli »** faucon shaheen des Indes *(Falco babylonicus)* ayant appartenu au même équipage. Prises de la saison : 73 canards et pies.

Ces portraits sont des peintures à l'aquarelle par le capitaine Biddulphe lui-même, un des meilleurs dessinateurs d'oiseaux de l'Angleterre.

JOHN FROST

Fauconnier en chef du *Old Hawking Club*

(1889).

Exposant : M.Th. J. MANN, Hyde Hall, Sawbridgeworth
Herts, Angleterre.

1. — **Quatre photographies de son équipage.** — Le
fauconnier est Alfred Frost, frère du fauconnier
du O. H. C. Il compte à son rang en moyenne
2 faucons pour corneille, 2 tiercelets niais pour
perdrix, bécasse et bécassine, plusieurs émerillons pour l'alouette et un autour femelle pour
les lapins.

Une des photographies donne le portrait de H.
Cutler, un des anciens fauconniers de M. Mann.

ÉQUIPAGE DE M. MANN.

Exposant : M. le Major H. WATSON, 11ᵉ hussars.
Angleterre.

1. — **Plusieurs photographies de son équipage.** —
Cet équipage ne date que de quelques années.
En Irlande il s'est signalé par de beaux vols de
corneilles et de pies. Il compte de 8 à 10 faucons
pèlerins. Sa résidence actuelle est à Aldershot où
le régiment est venu prendre ses quartiers en
quittant Dublin.

ÉQUIPAGE DU MAJOR WATSON.

Exposant : M. Pierre-Amédée PICHOT, 132, boulevard Haussmann, Paris.

1. — **Jets, longes et sonnettes,** pour faucons.

2. — **Chaperons** pour émerillons.

3. — **Le bouton de l'ancien équipage de Champagne.** Ceinturon et accessoires.

4. — **Un fauconnier de l'équipage de Champagne** (1866) en grande tenue. Aquarelle, par S. Arcos.

5. — **Plaque de portefeuille persan.** Peinture laquée représentant des fauconniers et des chasseurs.

6. — **Portraits-photographies** de fauconniers contemporains et d'écrivains sur la fauconnerie :

Comte Alfred Werlé. — Comte Fernand de Montebello. — Comte Lecouteulx de Canteleu. — Pierre-Amédée Pichot. — C. de Saint-Marc. — Ed. Barrachin. — Georges Sourbets. — C. Cerfon. — Paul Gervais. — A. Belvalette.

Capitaine Salvin. — J. E. Harting. — C. Clibborn. — Capitaine Scarlett. — Capitaine Sandys Dugmore. — John Riley.

Adrien Mollen. — A. Mollen junior. — Karl Mollen.

ADRIEN MOLLEN
Ancien fauconnier du Loo.

« LA JEUNESSE » ET SON CORMORAN « TOBIE ».
Extrait de la *Pêche au cormoran*.

7. — Traités de fauconnerie moderne, par les auteurs contemporains :

Traité de Fauconnerie, par SCHLEGEL et VERSTER
DE WULVERHORST. Leiden et Dusseldorf, Arnz
et Cie, 1844-53.

Falconry, in the British Isles, by F. H. SALVIN
and W. BRODRICK. London, John Van Voorst,
1855.

Falconry, it claims, history and practice, by G. E.
FREEMANN et Francis Henry SALVIN. London,
Longman, 1859.

La Fauconnerie ancienne et moderne, par J. C.
CHENU et O. DES MURS. Paris, Hachette, 1862.

*La Fauconnerie en Angleterre et en France à
notre époque,* par Pierre-Amédée PICHOT.
Paris, *Revue Britannique,* 1865.

Practical falconry, by Gage Earle FREEMAN,
M. A., London, Horace Cox, 1869.

La pêche au Cormoran, par le comte LECOUTEULX
DE CANTELEU. Paris, *Revue Britannique,* 1870.

Les Oiseaux de sport, par Pierre-Amédée PICHOT.
Paris, Jardin d'Acclimatation, 1875.

*La Fauconnerie au moyen âge et dans les temps
modernes,* par L. MAGAUD D'AUBUSSON. Paris,
Ghio, 1879.

Hints on the management of Hawks, by J. E.
HARTING. London, Horace Cox, 1884.

La chasse au vol avec les petites espèces, par
Georges SOURBETS. Niort, Faure, 1885.

Manuel pratique du fauconnier au XIXe siècle,
par G. FOYE. Paris, Pairault, 1886.

Traité d'Autourserie, par Alfred BELVALETTE. Paris, Pairault, 1887.

De la basse volerie et du dressage pratique de l'Autour et de l'Épervier, par C. CERFON. Vincennes, 1887.

Précis de fauconnerie, suivi de l'éducation du cormoran, par G. SOURBETS et C. DE SAINT-MARC. Niort, Clouzot, 1887.

etc.

LE CAPITAINE SALVIN ET SES CORMORANS.
Extrait des *Oiseaux de sport.*

8. — Traité de Fauconnerie japonaise.

9. — L'Ornithologie de Salerne. Paris, Debure, 1767.
— Reliure et enluminure des figures de l'époque de l'édition. Curieux pour le frontispice de Martinet qui représente des fauconniers et des pêcheurs au cormoran.

10. — **Un dessin du baron D. de Noirmont** représentant un officier de la fauconnerie royale à
l'entrée du Dauphin à Paris en 1770.

11. — **La maison des fauconniers au Loo.** — Es-
quisse à l'aquarelle de Sonderland. Provient de
la collection Schlegel.

12. — **A. De la Rue,** inspecteur des forêts, d'après le
portrait de Bakalowicz.

13. — **Aquarelle japonaise** d'un fauconnier approchant
en bateau des oies sauvages. Il cache le gibier à
son autour, au moyen d'un petit paillasson formant écran, jusqu'à ce qu'il soit à portée.

AQUARELLE JAPONAISE (Collection de M. P.-A. Pichot).
Extrait du journal *le Sport.*

14. — **Armoiries sur vélin d'anciennes familles de fauconniers**, Miniatures de M. V. Bouton, auquel on doit de nombreux travaux sur les généalogies et le blason des familles qui se sont signalées dans la vénerie.

Exposant : M. RIGGS, 13, rue Murillo, Paris.

1. — **Trois cornets en corne** dont se servaient autrefois les fauconniers pour rappeler leurs oiseaux. Ces cornets sont figurés dans les planches de Redinger, et il en est fait mention dans les chroniques des ducs de Bourgogne.

A signaler aussi dans la collection d'armures exposée par M. Riggs, dans l'exposition du Ministère de la guerre, un gantelet en fer muni d'une mortaise pour fixer la longe d'un faucon.

Exposant : M. le comte de TOULGOET.

1. — **Tapisserie flamande du XVIe siècle.** — Des seigneurs et dames en costumes de la fin du XVe siècle se livrant au divertissement de la chasse au vol dans un paysage semé de bouquets d'arbres. Des faucons volent dans les airs et se

précipitent sur des hérons. Bergers et moutons dans le fond ; bordure à tête et grotesques sur fond bleu.

Exposant : M. DEYROLLE, 46, rue du Bac, Paris.

1. — Types naturalisés des faucons employés pour la chasse et qui ont été placés sur la cage. On y remarque le gerfaut, le pèlerin, l'émerillon, l'autour. M. Deyrolle a aussi joint à cette Exposition un cormoran avec son collier avalant un poisson.

Exposant : M. CRÉTÉ DE L'ARBRE.

1. — Deux bras de fauconniers avec gantelets, sur lesquels on a placé un faucon pèlerin et un autour armés de tout leur attirail de chasse.

Dans l'Exposition du Ministère de la Guerre à l'Esplanade des Invalides se trouvait un cortège de figurines découpées peintes et gouachées par P. Lesueur. Le carrosse royal revenant de Compiègne est entouré de mousquetaires et suivi de cinq fauconniers à cheval, de la Grande Fauconnerie. Un sixième cavalier, qui n'a pas d'oiseau sur le poing, porte la livrée de page du cabinet du roi attaché à la Grande Fauconnerie. Ces figurines avaient été exposées par M. Bidault de l'Isle, juge au tribunal de commerce de la Seine.

LA FAUCONNERIE D'AUTREFOIS

ET

LA FAUCONNERIE D'AUJOURD'HUI

CONFÉRENCE

FAITE A LA SOCIÉTÉ NATIONALE D'ACCLIMATATION

LE 21 MARS 1890

PAR

M. PIERRE-AMÉDÉE PICHOT

LA FAUCONNERIE D'AUTREFOIS

ET

LA FAUCONNERIE D'AUJOURD'HUI

—◦┼┼◦—

MESDAMES, MESSIEURS,

En venant assister dans cette salle à une conférence sur la fauconnerie, je crains que votre première impression n'ait été celle d'une déception lorsque vous avez vu monter à cette tribune un Monsieur en habit noir, au lieu du page en pourpoint de satin et en manteau de velours, au lieu du chevalier bardé de fer, que vous aviez sans doute rêvé.

C'est que la fauconnerie est en effet inséparable de ces souvenirs de vie élégante et d'existence aventureuse qu'elle évoque infailliblement devant nous, et c'est bien cette association intime qui a fait son malheur, en laissant croire aux générations contemporaines, que l'art de la fauconnerie était un art du temps passé, aussi difficile à faire renaître et à voir fleurir de nos jours que les bastilles et les tours de Nesles, dont nous avons vu récemment la reconstitution... en carton, autour du Champ de Mars ; aussi perdu que les diligences à cinq chevaux ou « les coucous ostinés » dans lesquels nos pères se rendaient à la campagne pour respirer les âcres senteurs des champs.

Avant de vous montrer qu'il n'en est point ainsi, que la fauconnerie n'est pas morte et que même elle n'a jamais été

mieux pratiquée que par les adeptes qui en ont perpétué les
traditions et perfectionné les procédés, je voudrais cependant
m'attarder quelques instants avec vous dans ce passé qui
n'est pas seulement charmant parce que nous le voyons à
travers le prisme de l'éloignement et de la distance, mais
parce qu'il est tout plein de cette atmosphère de poésie et de
ce parfum de noblesse dont il me semble que nous devons
d'autant plus cultiver les foyers, que le siècle réaliste où nous
vivons tend davantage à étouffer la voix des nymphes et des
driades sous le bruit de l'enclume des forgerons, et, alors que
l'autel des vestales n'est plus entretenu que par le pétrole et
par l'électricité, il est bon de songer un peu au feu de bois
de nos pères. C'est si joli un feu de bois !

*
* *

Un chevalier breton bardé de fer chevauchait dans la forêt
de Broceliande, se dirigeant vers la cour du roi Arthus, vers
ce château fameux dont il me serait difficile aujourd'hui de
vous préciser la situation, malgré les progrès de la géographie,
mais qui était bien connu à cette époque, puisque notre chevalier était en route pour s'y rendre. Le chemin n'était cependant pas si connu que le chevalier ne se perdît dans les bois
d'alentour ! Tout à coup, au détour d'une route, il se trouva
en face d'une belle damoiselle montant un élégant palefroi,
laquelle l'arrêta et lui dit poliment :

« — Beau chevalier, où vas-tu ?

» — Que vous importe », répondit le chevalier du ton con-
trarié des gens qui ont perdu leur route et qui risquent de
passer la nuit dans un bois.

» — Il m'importe, reprit la damoiselle, car je prends intérêt à ce que tu vas faire. Tu vas chercher le fameux épervier
qui se tient sur un perchoir à la porte du château du roi
Arthus !

» — C'est vrai, avoua le chevalier tout confus.

» — Eh bien, je vais t'aider à atteindre ton but, mais écoute bien ce que je vais te dire. »

Les damoiselles étaient très généreuses et très complaisantes dans ce temps-là. Celle-là était fée d'ailleurs. Il serait trop long de vous redire les conseils qu'elle prodigua à l'aventureux chevalier pour lui permettre de surmonter tous les obstacles et de vaincre les monstres qui devaient lui barrer le chemin. Toujours est-il qu'elle échangea son élégant cheval qui connaissait les sentiers les plus secrets de la forêt, contre le lourd destrier de combat de son interlocuteur, et, fort de sa protection, notre héros finit par découvrir le château du roi Arthus, qui se perdait un peu dans les nuages, j'imagine, comme aujourd'hui la tour Eiffel. Ayant surmonté tous les obstacles, il obtint le faucon merveilleux qui vint de lui-même se percher sur son gant. Attaché aux jets qu'il portait aux pattes, le chevalier découvrit, à sa grande surprise, un livre composé de feuillets d'or. Une voix se fit entendre qui lui dit : « Prends ce livre précieusement, c'est le code d'amour rédigé par le Dieu d'amour en personne pour servir de guide à tous les loyaux amants. » Le chevalier rapporta donc en même temps que l'épervier, ce code dont il fit hommage à la dame de ses pensées, et ce code a été depuis lors appliqué dans toutes ces cours d'amour qui furent un des grands instruments de civilisation du moyen âge.

L'influence de la femme, si puissante dans toutes les transformations sociales, était difficile à exercer dans ces temps sauvages, dans cet âge de fer où l'on passait sa vie à se battre, à voyager, où l'on était toujours sorti ! Par la fauconnerie, les femmes prirent une grande influence dans les plaisirs extérieurs de leurs seigneurs et maîtres dont elles n'auraient guère pu partager autrement les ébats violents. Par les cours d'amour, elles tranchèrent une foule de difficultés d'intérieur, d'une façon un peu précieuse, un peu subtile peut-être et difficile à comprendre à notre époque. Et ainsi, jugeant et chassant tour à tour, elles assoient leur autorité et mènent ce monde barbare par le bout du nez, aussi facilement que le monde civilisé !

* * *

Nous voici donc en pleine poésie avec la fauconnerie du moyen âge et les trouvères, qui, de château en château, s'en vont accorder leur lyre et chanter les hauts faits des belles châtelaines. C'est sous la forme d'un autour que le poétique amant du *Lai d'Yvenec* apparut à son amie qui languissait dans une tour. Dans *Guillaume au faucon*, c'est sous l'allégorie transparente de cet oiseau que la douce châtelaine, aimée de Guillaume, explique à son baron, la passion qui allait causer la mort de son écuyer favori. Dans *Garin de Monglave*, une des plus belles chansons de geste du Cycle de Charlemagne, la Reine avouant son amour pour Garin, dans son élan de franchise passionnée, n'oublie pas d'ajouter à la liste de tout ce qui lui est devenu indifférent depuis qu'elle aime, les joies de la fauconnerie :

> Voir voler autour, gerfaut ni faucon,
> Epervier ni sacret, ni vol d'emerillon,

ne peuvent la charmer ni la distraire. Dans la *Vengeance de Raguidel*, la belle Ydoine, se préparant à accompagner son ami Ydain à la cour, prend pour tout bagage un épervier sur son poing, comme nous prendrions aujourd'hui un sac de nuit. Enfin partout, dans le *Roman de Méraugis de Portlesguez*, dans le *Bel Inconnu*, l'épervier est le prix que se disputent les combattants dans les tournois pour l'offrir à leurs belles :

« — Beau sire, dit à Gifflet, le Bel inconnu, pour quelle cause voulez-vous dire que la belle Marguerite l'espervier ne doit avoir.

» — Parce que m'amie est plus belle. »

Et les épées de sortir du fourreau, les lances de frapper les boucliers sonores et les braves chevaliers de mordre la poussière.

* * *

Mais si la fauconnerie occupe une place si importante dans les œuvres d'imagination de nos premiers poètes, c'est qu'elle était intimement liée aussi à tous les événements de la vie réelle, et nous la voyons jouer un rôle dans plus d'un épisode de notre histoire.

Sous le règne de Chilpéric Ier, son fils le jeune Mérovée, se voyant menacé par la terrible Frédégonde, s'était réfugié dans l'église Saint-Martin de Tours. Gontran Boson, chargé de le faire sortir par ruse de cet asile inviolable, ne trouva rien de plus tentant que de lui proposer une chasse à l'oiseau. « Que faisons-nous ici, lui dit-il, à croupir dans l'oisiveté et la paresse ? Faisons venir nos chevaux, prenons nos autours et nos chiens et allons-nous-en à la chasse. »

Lors du siège de Paris par les Normands en 887, on vit un exemple touchant de l'affection que les guerriers portaient à leurs oiseaux de chasse. Douze braves qui avaient défendu avec acharnement la tête du grand pont, se voyant coupés et près de succomber au nombre, voulurent, avant de mourir, détacher les longes de leurs autours et leur rendre la liberté.

Les oiseaux de vol partent avec les croisés pour la Terre-Sainte. Lorsque Philippe-Auguste débarqua devant Saint-Jean-d'Acre, il avait un gerfaut blanc qui rompit sa longe et vola sur les murs de la ville où il fut pris par les Sarrazins qui ne voulurent pas le rendre même contre une rançon de mille écus d'or.

Richard Cœur-de-Lion fait demander à Saladin des volailles pour nourrir les faucons que le roi d'Angleterre avait apportés avec lui, et l'envoyé du sultan, avec une courtoisie dont on ne trouverait guère d'exemples dans la guerre moderne, s'empresse de souscrire à ce désir de confrère en vénerie, quoiqu'il fît remarquer, d'un air narquois, qu'après un si long et pénible voyage c'était peut-être bien le chef des croisés, qui, plus que ses oiseaux, avait besoin de bouillon de poulet.

Pendant les trèves, les adversaires échangeaient mutuellement les plus beaux échantillons de leurs volières de chasse ; on vit même le don de certains faucons de grand prix entrer dans les conditions des rançons ou des traités.

Vers la fin du xive siècle, Bajazet qui battit près de Nico-
polis les chrétiens commandés par Jehan de Nevers, se fit
gloire d'étaler devant ses prisonniers francs les trésors de sa
riche fauconnerie, où l'on comptait sept mille oiseaux de vol.
Lorsqu'il fut question de la rançon de Jehan de Nevers, le
prince turc exigea douze faucons blancs du Nord, oiseaux des
plus puissants et de la plus grande rareté. Le roi Charles VI,
pour achever d'adoucir le vainqueur, ajouta à ce lot officielle-
ment stipulé, « des autours admirablement dressés et des éperviers hautains » de grand prix, le tout accompagné de gants
brodés de perles fines destinés à les porter sur le poing.

Froissart raconte qu'Édouard d'Angleterre, traversant la
France en grand appareil, avait trente fauconniers à cheval,
chargés d'oiseaux et soixante couples de chiens et de lévriers
avec lesquels il allait chaque jour en chasse ainsi qu'il lui plai-
sait « *et y avait plusieurs seigneurs et moult riches hommes
qui avaient aussi leurs chiens et leurs oiseaux* ».

Le comte de Flandres était tenu en prison courtoise par ses
sujets qui voulaient lui faire épouser contre son gré une prin-
cesse d'Angleterre. Il y avait déjà à cette époque une question
de traité de commerce dont je ne vous dirai rien. Il obtint la
permission d'aller voler en rivière bien et dûment accompagné ;
mais ce ne fut pas l'oiseau qu'il suivit, mais la grande route,
par laquelle il se rendit à la Cour de France où il fut bien
accueilli par Philippe de Valois.

Les ennemis de Marie Stuart, pendant son emprisonnement
à Tutberry Castle (1584-85), se souvenaient sans doute de cette
évasion, lorsqu'ils accusèrent son gardien, Sir Ralph Sadleir,
grand fauconnier de la reine Elisabeth, d'avoir cherché à favo-
riser son évasion, un jour qu'il emmena sa captive assister à
une chasse au vol un peu loin du château.

L'Histoire d'Angleterre est comme l'Histoire de France
remplie de souvenirs de chasse et de fauconnerie. C'est en suivant un vol à Hitchin dans le Hertfordshire que Henri VIII
faillit perdre la vie dans un fossé plein de boue qu'il voulut
franchir au moyen d'une des perches sur lesquelles on portait
les faucons. La perche se brisa et le roi piqua une tête dans la

vase d'où l'un des fauconniers, Edmund Moody, eut assez de mal à l'extraire à temps pour l'empêcher d'être étouffé.

Holbein nous a conservé le portrait d'un des fauconniers de Henri VIII. C'est Robert Cheseman, et je vais vous le faire voir d'après la toile conservée au musée de La Haye. Voilà le portrait de Robert Cheseman. Il n'y a pas d'erreur, vous savez, c'est un Holbein, ce n'est pas un Rembrandt.

(PROJECTION : **Portrait de Robert Cheseman.**)

En Angleterre, c'est sous Jacques Ier, comme en France sous Louis XIII, que la fauconnerie atteignit son apogée. Pendant tout le xvie siècle, elle s'était développée comme toutes les branches de la vénerie d'une façon extraordinaire, et Budé, s'adressant au roi François Ier qui lui avait commandé un traité de vénerie en latin, a pu lui dire sans trop de flatterie : « Sire, vous avez tellement dressé et poli l'exercice de la vénerie, qu'elle semble être parvenue à sa perfection. »

La chasse avait alors ses poètes, ses historiens, ses classiques, et du nombre était en première ligne le roi Charles IX.

Tous les grands capitaines qui moururent à la guerre à cette époque, soit dans les guerres civiles, soit dans les guerres étrangères, tous les grands capitaines étaient fauconniers. C'était pour eux une manière d'entretenir leur souffle, de dégourdir leurs membres et de se préparer aux grands combats lorsque l'heure de reprendre la cuirasse serait venue.

La chasse seule pouvait en effet à cette époque, pendant les trêves et les entr'actes de la bataille, donner de la vie et de l'animation à ces grandes demeures féodales, et on aime à se les représenter animées par tous ces personnages à costumes pittoresques. C'était les valets de chiens avec leurs blanches houssines maintenant les meutes hurlantes et aboyantes, c'était les veneurs avec leurs costumes, verts, ou rouges, ou gris, selon les saisons et selon la chasse, c'était enfin les dames châtelaines sur leurs haquenées de Bretagne aux riches harnachements de velours, avec leurs chapeaux à plumes, portés « à la Guelfe », comme dit Brantôme, et leurs bottines rouges faites de cuir damasquiné et leurs cottes agrafées plus haut que le genou, comme le décrit Ronsard.

Ne trouvez-vous pas, comme le fait remarquer le comte de La Ferrière qui a si bien décrit les chasses de François Ier, qu'il y avait là de quoi faire battre le cœur de tous ces vaillants hommes d'armes ?

* * *

Les manuscrits qui datent de ces époques primitives sont des merveilles d'art encore fort appréciées par les amateurs de nos jours. Ils sont illustrés d'une quantité de miniatures qui représentent tous les détails des différents déduits, et ces miniatures sont parfois très amusantes dans leur naïveté et leur simplicité. Voici par exemple des miniatures tirées d'un traité de fauconnerie du xive siècle : « le roy Modus ». A gauche vous voyez un chevalier qui part pour la chasse avec sa dame ; à droite, des fauconniers exerçant leurs oiseaux ; plus bas, le roi Modus donne lui-même des leçons de fauconnerie à ses courtisans, et à côté, une noble châtelaine nous montre « *la manière de faire son espervier nouvel voler* ». Dans cette dernière miniature, vous voyez un chien ; vous voyez même deux chiens, quoiqu'il y en ait au moins un qui ne ressemble pas beaucoup à un chien, mais à cette époque là, c'étaient des chiens.

(Projection : **Miniatures du roi Modus.**)

Je ne veux point vous entretenir longuement de cette littérature cynégétique ; il y a cependant un de ces écrivains sur lequel j'appellerai spécialement votre attention, car il fut un homme à plusieurs points de vue remarquable. C'est Charles d'Arcussia de Capre, seigneur d'Esparron, de Pallières, de Revest et aultres lieux. Ce ne fut pas seulement un fauconnier, mais encore un penseur et un poète. Il était gentilhomme de la Chambre et commença à écrire sous Henri IV, mais c'est sous son fils et successeur Louis XIII qu'il composa la plus grande partie de son œuvre littéraire et didactique.

Charles d'Arcussia était un seigneur provençal né à Aix, vers 1550, de Gaspard, vicomte d'Esparron, et de Marguerite de Glandevès. Il épousa, en 1573, Marguerite de Forbin-Janson, dont il eut plusieurs enfants dont deux, Melchior et Gaspard, se distinguèrent dans les ordres où ils entrèrent.

Il nous apprend que, dès son enfance, il avait la passion des oiseaux; il en avait de toutes sortes et de toutes les contrées, et de cette façon il acquit une grande expérience dans le maniement de ces êtres subtils et la parfaite connaissance de leur naturel, indispensable, dit-il, pour devenir un bon fauconnier : « *Tout ainsi qu'on ne saurait lire sans la connaissance des lettres, de même on ne peut être fauconnier sans connaître les oiseaux.* »

Or l'oiseau est pour d'Arcussia le chef-d'œuvre de la création, la perfection même. Il le chérit et il l'adore et place même l'amour de l'oiseau au-dessus de tous les autres amours terrestres. Je dis terrestres parce que d'Arcussia était un esprit fort religieux comme vous allez voir par le ton qui règne dans toute son œuvre.

« On ne doit s'esbahir, dit-il, si notre roy aime tant les oi-
» seaux, les ayant, Sa Majesté, comme anges domestiques : car
» si les anges de Dieu chassent les esprits malins, infects et
» puants, comme l'ange Rafaël qui lia le diable Asmodée, les
» oiseaux de Sa Majesté lient, chassent et mettent à bas les
» oiseaux charogniers, hiéroglyphes des démons. Les anges ont
» toujours les ailes à demi-ouvertes au trosne de l'Eternel où
» ils chantent incessamment ses louanges avec leur douce mé-
» lodie ; de même dans la chambre du roi un nombre infini
» d'oiseaux, les uns qui gazouillent toujours, les autres sur
» le poing des fauconniers qui attendent d'être employés et
» de plaire à leur maître. J'estime que tout ainsi que la qua-
» lité d'ange est par-dessus celle de l'homme, de même la
» qualité des oiseaux est relevée par-dessus tous les autres
» animaux. »

Ainsi débute le traité de fauconnerie de Charles d'Arcussia,

8

et ce ton semi-mystique est assez curieux, car il indique un
changement dans les mœurs. L'influence de la religion se faisait sentir vivement dans tout ce que l'on faisait à cette époque.
Tout en pratiquant la fauconnerie, l'auteur ne se fait pas
faute d'en tirer des déductions morales, toujours charmantes
dans leur naïveté. D'Arcussia n'est pas exclusif dans l'éloge
qu'il fait de la chasse ; il lui assigne son véritable rang dans
les préoccupations humaines et à une époque où l'on se plaît
à dire que les seigneurs, les grands, ne s'occupaient exclusivement qu'à courir les bêtes fauves et à faire voler des oiseaux,
il est plaisant de voir un des maîtres de l'art, un des passionnés
de la volerie, donner en toute circonstance à son déduit favori
une portée morale et mettre, par des raisonnements philoso-
phiques, un frein à sa passion :

« La trop fréquente continuation des exercices, dit-il par
» exemple, quelque vertueux qu'on soit, peut diminuer la
» volonté que nous devons avoir en ce à quoi nous sommes
» les plus obligés. Et combien que la chasse tienne le haut
» bout parmi le rang des honnestes récréations, si faut-il que
» ceux qui en usent soient guidés d'une vraie sagesse qui leur
» en apprenne le temps, le lieu et la convenance. Saint Cassian
» récite comme l'apôtre saint Jean rencontra un jour un chas-
» seur, lequel lui voyant tenir une perdrix vive sur son poing
» demeura tout ravi de merveille et commença à lui dire :
« — Pourquoi, saint homme, vous amusez-vous à des choses
» si basses, vous qui êtes adonné à la contemplation des choses
» célestes ? Saint Jean lui répond : — Et pourquoi ne portez-
» vous pas votre arc bandé, puisque vous êtes chasseur ? —
» C'est, dit le chasseur, pour ne l'affaiblir, étant trop longtemps
» tendu. — Ne vous esbahissez donc, dit l'apôtre, si je me
» récrée un peu avec cet oiseau, afin que mon esprit en soit
» après plus vigoureux. » Or je veux dire que les âmes les
» plus saintes peuvent user de la chasse, non comme d'occu-
» pation ordinaire, mais d'un moyen pour relever l'esprit
» abattu d'un trop continuel étude ou de surcharge d'affaires,
» en sa première vigueur. »

J'ai insisté sur le caractère moral et mystique de la fauconnerie de d'Arcussia parce que cette note spiritualiste y est très remarquable et que nous la retrouvons dans plusieurs auteurs de cette époque, et que cette note caractérise le mouvement des esprits et la transformation des mœurs. Si bien qu'après avoir vu la fauconnerie amoureuse avec les trouvères, militaire avec les croisés, nous la trouvons morale et religieuse avec les écrivains cynégétiques du xvie siècle et du commencement du xviie.

La partie didactique de la fauconnerie de d'Arcussia est très complète, très détaillée, très étendue. Les récits qu'il fait des chasses au vol de la cour sont pittoresques et amusants et donnent raison à cet esprit subtil qui s'avisa un jour de trouver qu'avec les lettres formant les mots de *Louis treizième roi de France et de Navarre* on pouvait composer ceux de *Roy très rare estimé Dieu de la fauconnerie.*

Comme cela arrive toujours, le goût des gentilshommes campagnards pour la fauconnerie n'avait pu que s'accroître à l'exemple du monarque. Tout gentilhomme qui se respecte doit avoir au moins un fauconnier à cheval avec trois ou quatre bons oiseaux et six couples de chiens pour les servir. Un peintre anglais nous a conservé le costume des pages de cette époque. Ceci vous représente un jeune fauconnier de la cour d'Élisabeth :

(Projection : **Fauconnier d'après Tayler.**)

Quand on est allé très haut, aussi haut qu'on peut aller, il n'y a plus qu'à descendre. C'est ce qui est arrivé à la fauconnerie. Louis XIV eut plus de goût pour la vénerie que pour la fauconnerie et réduisit les dépenses de la cour de ce chef. Ce fut le commencement de la décadence que Victor Hugo a bien rappelé dans le drame de Marion Delorme lorsque, mettant en scène Louis XIII « estimé Dieu de la fauconnerie » au moment où son fou l'Angély sollicite auprès de lui la grâce de deux fauconniers qui se sont battus en duel et qui sont condamnés à mort, il place les paroles suivantes dans la bouche de ses personnages :

L'ANGÉLY.

..... Vous tenez pour vertu
Avec raison cet art de dresser les alèthes
A la chasse aux perdrix ; un bon chasseur, vous l'êtes
Fait cas du fauconnier.

LE ROI.

Le fauconnier est Dieu !

L'ANGÉLY.

Eh bien, il en est deux qui vont mourir sous peu.

LE ROI.

A la fois ?

L'ANGÉLY.

Oui !

LE ROI.

Qui donc ?

L'ANGÉLY.

Deux fameux !

LE ROI.

Qui de grâce ?

L'ANGÉLY.

Ces jeunes gens pour qui l'on vous demandait grâce.

LE ROI.

Ce Gaspard ? ce Didier ?

L'ANGÉLY.

Je crois qu'oui, les derniers

LE ROI.

Quelle calamité, vraiment, deux fauconniers !
Avec cela que l'art se perd ! Ah ! Duel funeste !
Moi mort, cet art aussi s'en va, — comme le reste !
— Pourquoi ce duel ?

L'ANGÉLY.

Mais l'un à l'autre soutenait,
Que l'alèthe au grand vol ne vaut pas l'alphanet.

LE ROI.

Il avait tort. — Pourtant le cas n'est pas pendable.....
Mais après tout mon droit de grâce est imperdable ;

Au gré du Cardinal je suis toujours trop doux.....
Richelieu veut leur mort !

L'ANGÉLY.

Sire, que voulez-vous ?

LE ROI.

Ils mourront !

L'ANGÉLY.

C'est cela.

LE ROI.

Pauvre fauconnerie !

Donc Louis XIII mort, la fauconnerie commença à s'en aller « comme le reste ». Le journal de Dangeau à la date du 12 avril 1715 porte que Louis XIV alla à la volerie de Versailles avec Mme la duchesse de Berry, Mlle de Charolais et beaucoup de dames de la cour qui montèrent à cheval au rendez-vous; puis la chasse terminée, le roi donna congé à la fauconnerie pour l'année. Ce devait être pour toujours, car il mourut le 1er septembre suivant.

Les premières chasses de Louis XV, qui n'avait que cinq ans et demi lorsqu'il monta sur le trône de son bisaïeul, furent des chasses au vol, mais il n'y prit pas un goût très vif pour cet exercice. On continua à recevoir à la Cour avec le cérémonial d'usage les présents de gerfauts que le roi de Danemark, le duc de Courlande et l'Ordre de Malte envoyaient au roi ; les officiers de la fauconnerie figurèrent avec leurs habits d'uniformes dans les cortèges et les entrées solennelles, et vous avez pu voir l'été dernier, à l'Exposition du Ministère de la Guerre à l'Esplanade des Invalides, un cortège de figurines découpées et fort habilement gouachées par un peintre de l'époque, Lesueur. Cela représentait un retour de Compiègne ; le carrosse royal, entouré de mousquetaires, était suivi par un groupe d'officiers de la grande fauconnerie et de pages du cabinet du roi attachés à ce service :

(PROJECTION : **Officier de la Grande Fauconnerie et page.**)

Mais la fauconnerie passait de mode de plus en plus. Le perfectionnement des armes à feu, le prix toujours croissant des oiseaux de chasse et leur rareté, la difficulté de trouver de bons fauconniers, hâtèrent l'abandon d'un déduit qui avait fait les délices de nos aïeux pendant quatorze siècles.

Louis XV avait supprimé non moins de vingt-trois charges de gentilshommes de la Grande Fauconnerie et en avait réduit le personnel.

Louis XVI n'aimait pas la chasse au vol, et, pendant l'année 1775, il ne chassa qu'une seule fois à l'oiseau. Les fauconniers qui avaient le soin des oiseaux, dont le nombre était de plus en plus réduit, parurent pour la dernière fois avec leurs faucons sur le poing dans la grande procession des États généraux de Versailles, le 4 mai 1789.

Leroy, lieutenant des chasses du roi, nous a conservé, dans l'*Encyclopédie*, l'aspect d'une installation de fauconnerie à cette époque :

(Projection : Intérieur d'une fauconnerie.)

Vous voyez ici l'intérieur d'une fauconnerie. Des fauconniers réunis autour d'une table soignent leurs oiseaux, rajustent des plumes neuves à la place de celles qui sont cassées, fabriquent ou réparent leurs accessoires.

(Projection : Extérieur d'une fauconnerie.)

Maintenant voici l'installation extérieure de la même fauconnerie. Vous remarquerez à droite et à gauche les hangars sous lesquels on abrite les faucons attachés sur *la perche* et les pelouses où on les met à l'air pour « jardiner » comme on disait, attachés sur des *blocs*, ou petits tertres de gazon.

Enfin la Révolution éclate et la fauconnerie sombre dans la tourmente, aussi bien en France que sur le continent européen. Puis viennent les grandes guerres de l'Empire et le changement de mœurs profond que la Révolution, dans ses phases successives, imprime à toute l'organisation sociale. On oublie

faucons et autours ; l'aigle seul, déchaperonné par une main
puissante, prend son essor sur ces ruines, et montant au-dessus
des nuages, va se perdre dans l'arc-en-ciel tricolore qui annon-
çait au vieux monde sa régénération.

* * *

Un pays cependant échappa à la tourmente, grâce à sa posi-
tion insulaire, grâce surtout au goût de ses habitants pour la
vie des champs et pour les sports de tout genre. Les traditions
de la fauconnerie s'étaient surtout conservées en Ecosse où il
y eut toujours des fauconniers autochtones fort experts à ma-
nier les faucons niais, c'est-à-dire dénichés dans leurs aires, le
faucon se reproduisant abondamment dans les hautes montagnes, les falaises de rochers du nord de la Grande-Bretagne.
Cette école de fauconnerie différait un peu de l'école du continent où l'on se servait beaucoup plus d'oiseaux pris adultes et
sauvages que l'on nomme hagards ou passagers.

(Projection : **Fauconniers anglais de la fin du XVIIIe siècle.**)

Voilà d'après un tableau de Ansdell le costume des fauconniers de cette époque.

Les troubles du continent ayant chassé en Angleterre un certain nombre de fauconniers étrangers qui ne trouvaient plus en
Europe l'emploi de leurs talents, il y eut au commencement
du siècle comme une renaissance de la volerie languissante,
là-bas comme chez nous, par suite du perfectionnement des
armes à feu et de la transformation des modes de chasse.

Parmi ces fauconniers, presque tous Hollandais, que nous
voyons à cette époque paraître en Angleterre, je vous citerai le
dernier fauconnier de Louis XVI, François Van den Heuvel,
que nous trouvons de 1793 à 1799, chez le colonel Thornton.

Le colonel Thornton, un des types les plus intéressants que
j'aie rencontré dans mes recherches sur les anciens fauconniers, était d'une vieille famille whig du Yorkshire. Son

grand-père avait combattu pour les privilèges et les droits du citoyen anglais dans la révolution de 1688. Son père s'était signalé aux batailles de Falkirk et de Culloden en 1746, si bien que les rebelles, comme on appelait l'armée de Stuart, avaient mis à prix sa tête pour 25,000 francs qu'ils ne touchèrent jamais, car le père de Thornton ne mourut que de sa mort naturelle en 1771. Son fils, qui n'avait alors que deux ans, fut élevé par un oncle et se lança vers dix-neuf ans dans la société élégante de Londres, dans une sorte de club que l'on appelait « le Savoir-vivre » et qui comptait parmi ses membres les personnalités les plus éminentes du high life anglais : Lord Lyttleton, Sheridan, le prince de Galles, Fox, etc. Il y mena cette vie à grandes guides qui caractérisait la jeunesse dorée de cette époque, et vers 1780, un peu fatigué sans doute de cette existence excentrique et orageuse, il se retira dans sa terre de Thornville-Royal, où il réunit autour de lui les amateurs de fauconnerie qui étaient déjà clair-semés dans le royaume. Là, son temps se partage entre tous les plaisirs de la chasse : il est maître d'un équipage de foxhounds; patronne les courses où il monte en personne avec une audace endiablée; élève des chiens d'arrêt et des levriers qui se signalent partout par leurs prouesses; va d'un bout à l'autre du royaume; fait dix-sept voyages avec des équipages de chasse, des maisons mobiles qu'il transporte sur les bruyères; se livre à des pêches dangereuses où il manque parfois de perdre la vie; fait fabriquer exprès pour lui des armes à feu sur des perfectionnements qu'il indique; en un mot brûle les sports par tous les bouts.

A ce train-là, il est probable qu'il ne brûla pas que les sports! Sa fortune subit quelques atteintes; des difficultés politiques (vous savez qu'il était d'une famille un peu révolutionnaire), compliquèrent ses difficultés financières; il fut blessé dans son amour-propre et ses ambitions; le séjour de l'Angleterre lui était devenu pénible, et il résolut d'aller chercher sur le continent un emploi à son activité et à ses talents.

On était alors à l'époque de la paix d'Amiens. Voici que débarqua un beau jour dans le port de Dieppe un équipage étrange, sorte de maison roulante divisée en compartiments qui renfermait dans ses flancs une meute, un équipage de fauconnerie, une salle d'armes, un dessinateur, ... et même une jolie femme. La baleine de Jonas en eût crevé de dépit !

C'est dans cet appareil que le colonel Thornton se mit à parcourir la France. Pendant l'émigration et les premières guerres de la République, le colonel Thornton et sa famille avaient pu rendre en Angleterre de nombreux services à des Français émigrés ou prisonniers de guerre. Il trouva donc des amis tout le long de sa route et fut invité à chasser chez beaucoup de propriétaires qui lui firent le meilleur accueil.

* * *

Messieurs, lorsqu'on découple à la billebaude, c'est-à-dire au hasard, on risque parfois de mettre sur pied un tout autre animal que celui que l'on voulait chasser. C'est ce qui m'est arrivé avec le colonel Thornton. C'est le fauconnier et le sportsman que je poursuivais, et je me suis trouvé en face d'un fait historique qui jette un jour assez curieux sur les préludes de la lutte homérique que l'Empire entreprit contre l'Angleterre. Comme le chasseur se repose parfois à l'ombre d'un arbre, vous me permettrez de quitter un instant mon sujet et de vous dire quelques mots de cet incident.

Lorsque le colonel arriva à Paris, son premier soin fut d'obtenir une audience du premier Consul qui était déjà l'objet de la curiosité et de l'intérêt général. Madame de Staël, de sa plume venimeuse, n'a pu s'empêcher de le constater elle-même et dans ses *Dix années d'Exil*, elle avoue qu' « *une nation éminemment fière, les Anglais, n'était pas tout à fait exempte à cette époque d'une curiosité pour la personne du premier Consul qui tenait de l'hommage* ». Cela est vrai, positivement vrai. Beaucoup d'Anglais admiraient à cette époque le premier Consul et étaient même assez partisans de la Révolution française. Il ne s'en fallait même pas de beaucoup alors que la haine séculaire et légendaire de l'Angleterre contre la France ne fût entièrement effacée, et l'on ne songeait pas du tout à reprendre en chœur ce vieux refrain que vous connaissez tous :

Buvons un coup, buvons-en deux,
A la santé des amoureux,
A la santé du roi de France,
Et mort à celui d'Angleterre,
Qui nous a déclaré la guerre !

Ce fut l'irréconciliabilité du Gouvernement anglais, la duplicité et la mauvaise foi du ministère britannique, qui provoquèrent la rupture et, soufflant sur la braise, allumèrent un incendie qui devait avoir des conséquences si fatales.

Le colonel Thornton ne venait pas seulement en France pour y faire un voyage de touriste et de sportsman; il avait l'intention de s'y fixer. Or, ce projet rentrait tout à fait dans les vues du premier Consul qui, navré de l'état d'abandon dans lequel restaient les biens nationaux à la suite de la Révolution et de l'expropriation de leurs propriétaires séculaires, voulait attirer en France les capitaux étrangers pour mettre ces biens en culture et en valeur et déstériliser une partie considérable du patrimoine national. Le colonel Thornton pouvait donc s'attendre à être bien accueilli aux Tuileries, puisque ses vues concordaient si complètement avec celles de Bonaparte. Eh bien, une fois à Paris, il eut toutes les peines du monde à l'approcher à cause du mauvais vouloir des agents de l'ambassade britannique qui avaient établi un véritable cordon sanitaire entre les Anglais alors à Paris et la personne du premier Consul. Le colonel finit cependant par triompher de tous les obstacles, entra en relations avec Bonaparte et obtint toutes les autorisations nécessaires pour parcourir la France avec ses équipages de chasse, visiter les domaines disponibles, en étudier les ressources en vue d'un établissement définitif. C'est ce voyage qu'il exécuta dans ces conditions singulières, qui fait l'objet d'un des récits les plus pittoresques et les plus amusants que j'aie lus sur cette époque si intéressante.

Mais sur ces entrefaites la paix est remise en question par la mauvaise foi du gouvernement anglais et de ses plénipotentiaires dans la question de Malte, et le 11 mars 1803, dans une réception publique, Bonaparte adressait à haute voix à lord Withworth ces paroles de rupture : « Si vous voulez la paix, il faut respecter les traités ; malheur à qui ne respecte pas les traités. » Le gouvernement anglais ne respectait rien du tout ! Le colonel Thornton, subitement arrêté dans l'exécution de son projet, dut retourner en Angleterre, mais il avait conservé de son voyage en France un tel souvenir, qu'après la chute de l'Empire il revint dans notre pays pour y finir ses jours. Ses ressources avaient subi de rudes atteintes, et il n'avait plus cet enthousiasme pour les grandes choses qu'il avait rêvé la première fois. Il n'est plus question de ses plans industriels, de ses projets d'agriculture perfectionnée ; c'est un viveur fatigué qui nous revient, un sportsman toujours vert pour monter à cheval et pour boire, mais dont l'horizon est borné par l'âge. Il se contente de louer le château de Chambord où l'on montrait encore, il y a quelques années, le chêne auquel il pendait les chiens qui tournaient mal, les faucons qui ne volaient pas bien ; il y achève une ruine déjà commencée, et ses termes de loyer ne sont pas payés. Il achète cependant encore le domaine de Pont-le-Roi et tient une grande place dans le monde sportique et bruyant de la capitale. En 1823, un cheval de course, portant son nom, paraît au Champ de Mars, mais au mois de mars de la même année, le colonel mourut à Paris emportant dans la tombe tout l'espoir d'une renaissance de la fauconnerie qu'il aurait peut-être provoquée chez nous, si les circonstances lui avaient permis de se fixer en France en 1802, lors de son premier voyage.

(Projection : **Portrait du colonel Thornton.**)

Voilà le portrait du colonel Thornton portant sur le poing son faucon favori qu'il appelait « Sans-Quartier ». Ce portrait appartient à lord Rosebery.

Un des exemples les plus remarquables d'une longue suite de fauconniers dans la même famille, est celui de la famille Fleming, dans le Renfrewshire.

Jacques IV d'Écosse avait donné un chaperon orné de pierres précieuses à un membre de cette famille, dont le tiercelet avait battu un des faucons du roi.

(Projection : **Équipage Fleming.**)

Voici le portrait du Fleming, châtelain de Barochan Towers, peint vers 1811, par Howe. Il est entouré de tout son équipage, de ses fauconniers, de ses oiseaux et de ses chiens. Tous les fauconniers des Fleming furent Écossais. Dans ce tableau nous voyons le portrait très ressemblant du fauconnier en chef, le fameux Anderson ; puis à droite, son aide George Harvey. Il dut à sa renommée d'être choisi par le duc d'Athol pour avoir l'honneur de présenter au roi Georges IV, lors de son couronnement, les deux faucons dont les ducs d'Athol étaient redevables à la couronne, à chaque changement de souverain comme tenanciers de l'île de Man. C'est ainsi que John Anderson parut à la cour le 19 juillet 1821, revêtu d'un costume assez singulier pour l'époque, la livrée d'apparat que les ducs d'Athol avaient conservée depuis le roi Jacques :

(Projection : **Anderson en costume de cour.**)

Voici le portrait d'Anderson, en costume de cour. Je pense qu'il est inutile d'appeler votre attention sur sa casquette qui tient à la fois de la tour de Babel et du gâteau de Savoie. Ce n'est pas de la neige qu'il y a sur ce mont Blanc. Ce sont des plumes.

* * *

Les fauconniers hollandais, qui avaient pris du service en Angleterre, allaient tous les ans chez eux se remonter en faucons de passage dont ils avaient introduit le maniement dans la Grande-Bretagne. On avait, en effet, continué à piéger les faucons de passage sur les vastes landes du Brabant, qu'ils traversent à l'automne en descendant vers le midi, au printemps en remontant vers le nord. Un de ces Hollandais, Jean Daams, faisait, en 1808, pour la seizième fois ce voyage avec ses aides Daankers et Peels, lorsqu'à son passage à La Haye, le roi Louis fut averti de sa présence et l'engagea à rester en Hollande pour remonter, au château du Loo, la fauconnerie royale abandonnée depuis le départ du staathouder Guillaume V en 1795. Peels retourna seul en Angleterre, et la fauconnerie refleurit en Hollande, au château du Loo, dans le parc duquel se trouvait une importante héronnière. On appelle ainsi un bois où les hérons se réunissent pour nicher, comme les corbeaux, au sommet des arbres. En 1810, lors de l'annexion du royaume de Hollande à l'empire français, Napoléon fit venir un instant Daams et Daankers à Versailles ; il n'assista que trois fois au vol de l'équipage ; la pensée du souverain était ailleurs, comme bien on pense, et on cite même de lui une distraction funeste lorsque, chassant un jour à tir près de l'endroit où ses fauconniers exerçaient leurs oiseaux, il abattit d'un coup de fusil un faucon qui vint à passer à portée de son arme et dont il n'avait sans doute pas entendu les sonnettes. Cette fois encore, cette reprise de la fauconnerie sur le continent ne fut qu'un feu de paille.

Cependant en Angleterre, les fauconniers hollandais continuaient à exercer leur art et, en 1838, un des fauconniers du Club de Didlington vint en France chez le baron d'Offémont, dans les environs de Compiègne, pour voler la corneille et la perdrix, mais dans la même année, le baron d'Offémont et l'honorable Wortley Stuart se réunirent au duc de Leeds et à M. Newcome pour fonder au Loo même un club de fauconnerie. En 1840, ce club était monté sur un grand pied sous la présidence du baron Tindall ; le roi avait mis à la disposition des membres un petit pavillon situé dans le parc du château et une installation où étaient également logés les hommes et les oiseaux. On eut de vingt à quarante faucons, et le nombre des prises était, chaque année, de deux à trois cents hérons. Le club du Loo eut une existence brillante ; chaque année, les sportsmen les plus fameux de la France et de l'Angleterre s'y réunissaient pour jouir de leur sport favori. On organisa au Loo des courses de chevaux dont la mode se répandait sur le continent, et on menait brillante et joyeuse vie dans le pavillon royal. Vie peut-être trop brillante et trop joyeuse, car on y jouait beaucoup, on y faisait des dépenses excessives qui finirent par scandaliser la cour de ce pays économe et qui, en 1852, décidèrent le roi à supprimer ces réunions annuelles. Le club du Loo avait vécu.

Il restera cependant de cette association célèbre un monument impérissable, monument de science aussi bien que de sport ; c'est le *Traité de fauconnerie* du professeur Schlegel, de Leyde. Ce savant naturaliste et son collaborateur Verster de Wulverhorst suivaient assidûment les chasses ; il étudia là sur le vif les oiseaux de proie, et de cette étude résulta le traité en question, magnifique in-folio, où toutes les espèces de faucon sont représentées en grandeur naturelle et coloriées. Nous allons en extraire deux planches, pour vous faire voir les péripéties d'un vol de héron sur les bruyères du Loo :

(Projection : Le vol du héron.)

Dans ce tableau le fauconnier qui monte à cheval est le fameux Mollen qui vit encore à Valkenswaard où il piège les faucons de passage. Celui qui rattache un faucon à droite est Bekkers ; dans le milieu : le prince Alexandre des Pays-Bas. Les auteurs du traité sont dans le coin à gauche, Schlegel en casquette, et devant eux, en chapeau haute forme, le vieux fauconnier de Louis XVI, Van den Heuvel.

(Projection : La prise du héron.)

Dans ce second tableau, vous voyez la prise d'un héron. Au milieu le roi Guillaume, puis le duc de Noailles, le baron d'Offémont, Lord Seymour. Le jeune homme qui indique du doigt la façon de reprendre un faucon, est M. Newcome.

Messieurs, cette rapide histoire de la grandeur et de la décadence de la fauconnerie est l'histoire des progrès de ma passion
pour cet art. Comme Don Quichote s'amouracha de la chevalerie en lisant les œuvres de Félician de Sylva, de même c'est
en feuilletant les vieux livres que je me suis enthousiasmé pour
l'art de dresser les oiseaux de chasse, mais ce n'est ni Palmerin
d'Olive ni Amadis des Gaules qui m'ont fait rêver ; c'est le
gerfaut blanc « la Perle » avec lequel Henri IV volait le héron
dans la plaine Saint-Denis ; ce sont ces faucons du maréchal de
Montmorency que Claude Gauchet, l'aumônier de Charles IX
et de Henri III, a immortalisés dans son poème fameux des
Plaisirs des champs.

Puissiez-vous ne pas dire de moi comme Cervantes de son
héros : *notre hidalgo s'est acharné tellement à sa lecture qu'il
s'est desséché le cerveau de manière à en perdre le jugement !*

Mais je dois dire que si j'ai conservé un peu ma tête, c'est
que j'avais un contrepoison qui manquait à Don Quichote.
C'était le journal quotidien, car je lisais le journal quotidien
en même temps que les vieux livres. Eh bien, c'est un excel-
lent contrepoison contre les romans de chevalerie que le
journal quotidien ; on y trouve d'abord les discussions politiques de nos sommités parlementaires, qui ne rappellent pas
du tout les cours d'amours ; il y a les hauts faits des gentilshommes à casquette de nos faubourgs qui n'ont absolument
rien de chevaleresque ; il y a les petites correspondances et
les petites affiches qui elles, par exemple, vous font parfois
rêver. Cette rubrique des petites correspondances est particulièrement intéressante dans les journaux anglais.

Dans le *Times*, elle occupe la seconde colonne du journal et
elle est populairement connue sous le nom de « *colonne des Agonisants* » à cause du nombre d'appels désespérés qui s'y font
entendre. « *Colombe blessée* » écrit à « *Cicogne* » qu'elle meurt
si *Cicogne* ne revient pas la protéger contre ses ennemis. Ce
n'est que quatre mois plus tard que Cicogne répond qu'il ou

elle ne revient pas. Puis ce sont des *cœurs brisés*, des *parents au désespoir*, des *amis inquiets* qui réclament des nouvelles, qui assurent que tout est arrangé, que tout est oublié, que l'on apprendra dans tel ou tel endroit quelque chose qui intéresse, que le vieux toit paternel est en proie à la misère, que l'enfant est mort..... que les serments d'antan sont oubliés ! Elle est navrante cette colonne des agonisants d'où s'élèvent des pleurs, des gémissements et des larmes comme des flots de ces fleuves de l'Enfer que cotoyaient Virgile et le Dante et autrement vraie et palpitante que les romans réalistes de l'école moderne, qui ont la prétention de peindre l'humanité et qui confondent les ulcères avec les blessures et le sang avec la suppuration.

Donc je lis souvent les journaux, en guise de contrepoison, et c'est dans l'un d'eux que je découvris en 1865 une annonce qui ne manqua pas de piquer ma curiosité : « Un fauconnier très expert dans son art et possédant une dizaine d'oiseaux dressés demandait une place de sa spécialité chez un particulier ou dans un établissement public. »

Ah ! m'écriai-je, voilà mon affaire !

J'écrivis en Angleterre d'où j'avais reçu le journal en question, et j'appris que ce fauconnier à la recherche d'une place, était, en effet, un des meilleurs fauconniers de l'Angleterre, l'Ecossais John Barr. Il avait été jusqu'alors au service d'un prince Indien, interné en Angleterre, l'ex-Maharajah du Punjab Dhuleep Singh, lequel, sur le point d'entreprendre un voyage en Égypte, démontait son équipage, et avait donné une dizaine d'oiseaux à John Barr, pour lui permettre de se replacer.

Je vous laisse à penser si je fis des efforts pour lui trouver une place en France. Malgré mes velléités de reconstitution cynégétique, je ne pouvais nourrir, même un instant, l'idée de faire de la fauconnerie dans la petite propriété aux environs de Paris, où, pendant la belle saison, je vais manger au frais le melon que j'apporte des Halles centrales, et où le plus gros gibier que j'aie sous mes tonnelles, c'est des hannetons.

Mon ami, le comte Le Couteulx de Canteleu, le célèbre veneur qui vient de publier un si remarquable *Traité de vénerie moderne*, me vint en aide et nous allâmes solliciter l'appui des Mécènes du sport et des grands propriétaires que cette résurrection intéressante pouvait tenter. On nous prit pour des chevaliers de la Table-Ronde, évoqués par l'enchanteur Merlin ! Enfin, M. Georges de Grandmaison se laissa séduire et fit venir John Barr et ses oiseaux au château des Souches, en Sologne. L'équipage, pendant son passage à Paris, reçut l'hospitalité du Jardin d'Acclimatation, cet établissement modèle dont je ne ferai pas l'éloge ici, de crainte de faire rougir les cygnes qui neigent sur ses pièces d'eau. Vous savez d'ailleurs comme cet établissement est ouvert à toutes les idées nouvelles, à tous les perfectionnements. Nous lui devons l'introduction en France des Expositions de chiens, et tous ces oiseaux curieux qui, vendus d'abord 3,000 francs la paire, sont aujourd'hui à la portée de toutes les casseroles. Le jardin a ouvert la voie aux Exhibitions Ethnographiques qui ont atteint, l'an passé, tout leur développement à l'Esplanade des Invalides, et si quelques-unes de nos jolies Parisiennes ont été..... scalpées l'été dernier par les Peaux-Rouges de Buffalo-Bill, c'est bien au Jardin d'Acclimatation qu'elles peuvent en faire remonter la responsabilité. Eh bien, le Jardin d'Acclimatation offrit très gracieusement l'hospitalité à notre équipage, comme il l'a fait tout récemment encore pour les gerfauts du schah de Perse, et, pendant qu'il y séjourna, nous fîmes quelques vols aux environs, à Fontainebleau, des vols qui ne relevaient pas de la Préfecture de police, non, de vrais vols d'oiseaux.

John Barr et ses oiseaux ne devaient faire qu'un court séjour aux Souches, le château de M. de Grandmaison, le temps d'organiser un Hawking club sur le modèle des clubs anglais. Nous continuâmes nos visites et notre propagande, et parmi les personnes que nous allâmes voir, fut le baron d'Offémont, l'ancien membre du club du Loo. « Je suis, nous dit le Baron, le dernier fauconnier de France. — Pardon, Monsieur le Baron, répliquai-je, vous n'êtes que l'avant-dernier, car j'ai l'intention de suivre vos traces. » Je crois qu'il fut un peu vexé de cette prétention ambitieuse de ma part, cependant il m'encouragea à poursuivre ma tentative, sans toutefois me promettre autre chose que sa sympathie. Enfin, grâce à M. le comte

Alfred Werlé, de Reims, qui consacre à toutes les choses d'art une si belle part de sa fortune, mon projet finit par prendre un corps. M. le comte Werlé était le gendre du duc de Montebello. Il obtint l'autorisation d'installer la fauconnerie au camp de Châlons dont les vastes plaines sont admirablement disposées pour suivre de beaux vols et où, si le gibier est rare, il y a cependant assez de corbeaux, de pies et d'outardes pour faire les plus beaux vols du monde, les véritables vols de sport. MM. le baron d'Aubilly, le comte de Champeaux-Verneuil, le comte de Montebello, Julio Alfonso de Aldama vinrent se grouper autour de nous et formèrent les premières recrues de l'Equipage de fauconnerie de Champagne. L'Équipage fit ses débuts pendant la saison de 1866. Il comptait à son rang une vingtaine d'oiseaux, la plupart des faucons pèlerins, sous la direction de deux hommes : John Barr, le fauconnier en chef, et un nommé Philippe qui n'avait jusqu'alors donné l'essor qu'aux bouchons du champagne qu'il était chargé de mettre en bouteille dans les fameuses caves de M. le comte Werlé. Cette année-là, le camp de Châlons était occupé par la garde impériale. Aussi les vols de l'Équipage furent-ils particulièrement brillants. Les officiers en grand nombre venaient à cheval au rendez-vous où des breacks attelés à quatre chevaux amenaient toutes les élégantes châtelaines des environs. Nous avions quelquefois deux ou trois cents personnes au rendez-vous, et nous volions, entre autres, la petite outarde, ce qui ne lui était pas arrivé depuis longtemps, à la petite outarde ! Et pour cela nous avions un très joli costume vert et rouge avec une plume noire sur un feutre gris. Je vais vous faire voir notre très joli costume :

(Projection : **Un fauconnier de Champagne, par S. Arcos.**)

Hélas ! Messieurs, d'autres oiseaux de proie d'un nouveau genre vinrent s'abattre sur nos campagnes ! La guerre éclata, il fallut renoncer à notre sport pacifique. John Barr repassa en Angleterre où il est mort, mais ses leçons avaient fait des élèves, et notre exemple avait provoqué des imitateurs qui aujourd'hui ont repris la suite de nos affaires et se préparent à ajouter un nouveau chapitre à l'histoire de la fauconnerie. M. le baron d'Offémont ne sera plus le dernier fauconnier de France ! Ni moi non plus, je l'espère !

* * *

Maintenant, Messieurs, je veux vous dire quelques mots de l'éducation du faucon et de son dressage que nous appelons l'*affaitage*.

L'éducation du faucon demande du soin et de la patience, de la douceur et du jugement, mais elle est loin d'être aussi difficile qu'on se l'imagine. C'est un apprivoisement, au bout du compte, une sorte d'association entre l'oiseau et son fauconnier. Charlet, le spirituel dessinateur, a représenté dans une de ses amusantes lithographies deux gamins se rendant à l'école ; l'un a son petit panier bourré de tartines et la légende porte que celui qui n'a rien que ses cahiers sous le bras, dit à l'autre : « Donne-moi de quoique t'as et j'te donnerai de quoi qu'j'aurai. »

Eh bien, voilà la fauconnerie. Ce n'est pas autre chose que d'apprendre à l'oiseau à mettre ses instincts à notre service.

Aristote rapporte que les oiseleurs Thraces des environs d'Amphipolis avaient fait association avec les éperviers. Ces hommes battaient les roseaux, les buissons, faisaient lever et partir les petits oiseaux, et les éperviers les guettaient en l'air, leur faisaient peur et forçaient les oiseaux à se jeter dans les filets des chasseurs. C'est ce que j'appellerai de la fauconnerie libre. Les fauconniers n'ont pas attendu le xixe siècle pour la rendre obligatoire.

Il s'agit d'abord de se procurer un faucon. C'est exactement comme pour le civet de lièvre ; il faut d'abord avoir un lièvre. Pour faire de la fauconnerie il faut un faucon. Les faucons se prennent jeunes dans le nid ; c'est ce qu'on appelle des faucons « niais », parce qu'ils ne sont pas encore très forts ; ou bien ils se prennent adultes à l'état sauvage et on les nomme

« hagards » parce qu'ils ont l'air tant soit peu ahuris d'abord.
Les faucons nichent dans les rochers, sur les entablements
de hautes falaises ; on descend un homme avec une corde
fixée autour des reins et il rapporte les petits dans un panier
attaché à sa ceinture. Une fois qu'on les a dénichés, on met
ces jeunes faucons dans une remise, une pièce bien aérée,
bien éclairée, on les nourrit à la main et l'apprivoisement
s'effectue naturellement. Quand ils sont bien développés,
on les *arme*. Ce qu'on appelle armer, c'est leur mettre aux
pattes (on dit *mains* pour les faucons) de petites lanières de
cuir pour les attacher, c'est les habituer à porter le chaperon, c'est les munir d'un grelot. Le grelot sert à les reconnaître quand ils volent, à les retrouver quand ils sont perdus,
à ne pas faire comme Napoléon qui a tiré sur son faucon.
Quand on entend « drelin, drelin » c'est comme si on vous
criait : « Ne tirez pas ! » Le chaperon lui, sert à les faire tenir
tranquilles. Il ne faut pas que le faucon s'agite, il a besoin de
toutes ses plumes pour exercer son métier, il ne faut pas qu'il
en casse. Lorsqu'il a la tête recouverte du chaperon, il reste
immobile sur son perchoir ou sur le poing qui le porte. Et
puis cela le fait peut-être réfléchir aux leçons qu'on lui donne ;
c'est comme le capuchon du moine sous lequel le moine se
recueille et s'isole des distractions du monde extérieur.

Les Anglais n'enferment pas d'abord les jeunes faucons. Ils
les laissent voler en liberté comme des pigeons autour de la
demeure où on les élève. On leur donne à manger une fois
par jour, à la même heure, et on les rappelle au moyen d'un
sifflet. C'est la cloche du dîner à laquelle ils sont aussi sen-
sibles, croyez-le bien, que leurs maîtres. S'ils avaient la prétention de se nourrir tout seuls, de chasser pour leur propre
compte, on leur mettrait aux « mains » des grelots très lourds
qui les empêcheraient d'atteindre les oiseaux qu'ils voudraient
poursuivre. Élevés ainsi en liberté, les faucons se dévelop-
pent bien, et on les reprend aisément lorsque l'on veut commencer le dressage.

Pour prendre les faucons adultes et sauvages, on se sert de
plusieurs sortes de pièges dont la première condition, cela va

sans dire, doit être de capturer le faucon sans le blesser et sans endommager ses plumes. Le moyen le plus ingénieux est celui employé par les Hollandais de temps immémorial sur les bruyères du Brabant, et que se sont transmis de père en fils une longue série de fauconniers. Ils ont même fondé un village qui, à un certain temps, était presqu'exclusivement habité par des fauconniers et qui doit à l'industrie du piégeage qui le fit vivre, le nom qu'il porte encore aujourd'hui de Valkenswaard, « le village des faucons ».

Si vous jetez les yeux sur une carte de l'Europe où les chaînes de montagnes soient indiquées en relief, vous remarquerez une longue bande de plaines ou de dépressions qui s'étend du nord au midi. On suit ainsi les bords de la Baltique, les côtes de Suède et de Russie, on traverse le Danemark, le Hanovre, la Belgique, le plateau du Vexin, la Touraine, les Landes pour finir en Espagne. Eh bien, dans ce long corridor, il se produit deux fois par an, au printemps et à l'automne, un va et vient, une oscillation ou fluctuation migratoire des oiseaux qui, ayant niché dans le nord, descendent vers le midi pour y chercher des climats plus doux, ou remontent vers les contrées sauvages qui les ont vus naître pour s'y multiplier à leur tour. C'est ce long corridor que descendent et remontent annuellement les faucons, et la configuration du sol qui se resserre, les accumule d'une façon toute spéciale à une certaine époque dans le Brabant. Les fauconniers hollandais les y attendent pour les détrousser au passage comme jadis les condottieri du moyen âge, dans leurs castels fortifiés qui dominaient les défilés et les grandes routes, attendaient les voyageurs de commerce pour prélever sur eux un péage.

(Projection : **Plan de la hutte hollandaise d'après Harting.**)

Voici le plan de l'attirail hollandais pour le piégeage.

Seulement le castel fortifié des fauconniers hollandais n'est qu'une simple hutte enfoncée en terre et recouverte d'un dôme de mottes de bruyères, de branchages ou de gazon. Extérieurement cela a l'air d'une taupinière, d'une forte taupinière. A l'intérieur, où l'on descend par un passage en pente et recouvert, des bancs de bois ou des tabourets plus ou moins boiteux, un râtelier pour la pipe et une petite table ou une étagère pour les verres et l'inévitable bouteille de Skiddam, la compagne indispensable du veilleur solitaire qui doit y passer ses journées. Sur la façade de cette hutte, une fenêtre un peu basse et longue, presque au ras du sol permettant de surveiller la campagne, puis quelques chatières ou œils de bœuf facilitant les moyens d'observation et par où passent les cordes et filières avec lesquelles on agit sur l'attirail disposé à une trentaine de mètres en avant de la fenêtre. Cet attirail se compose de deux poteaux de cinq mètres de haut, du sommet desquels partent des filières qui aboutissent à la hutte et qui, lorsqu'on tire dessus, font monter en l'air l'une un pigeon vivant, que j'appellerai *pigeon d'appel*, l'autre un vieux faucon hors d'usage ou un balai de plumes noires à l'aspect féroce, parce qu'il doit jouer le rôle d'un faucon comme vous allez voir. A droite et à gauche sont de petits abris en mottes de gazon où sont enfermés d'autres pigeons que je désignerai sous le nom de *pigeons de leurre* et que l'on peut tirer dehors au moyen de filières et faire passer dans la circonférence de filets circulaires soigneusement repliés et dissimulés, mais prêts à se détendre et à se rabattre. L'installation ainsi disposée, on se met dans la hutte et l'on attend le faucon. Mais le faucon ne veut pas du tout venir se faire prendre ; il n'y a jamais songé, et il passe souvent le matin, très loin, très haut et si haut même que les fauconniers ne pourraient pas le voir. Comment faire ? Eh bien, le fauconnier s'est fait aider par des oiseaux. Ces oiseaux sont des pies-grièches. Les pies-grièches ont l'œil encore plus perçant que le fauconnier.

On en attache deux, à droite et à gauche de la hutte, sur de petits tertres artificiels qui forment observatoire. Rien ne passe en l'air sans éveiller leur attention, et vous apprenez vite à estimer d'après leurs attitudes la nature de l'oiseau qui excite leur méfiance. Si c'est un vrai faucon que la pie-grièche a découvert, son agitation est de plus en plus intense à mesure que l'ennemi se rapproche. Elle cesse de manger, elle bat des ailes et pousse de petits cris. Nous voilà donc assurés qu'il passe un faucon quelque part ; nous ne savons pas où ; nous ne le voyons pas ; mais nous en sommes sûrs. Il faut attirer ce faucon. Alors on agit sur les filières des poteaux ; on fait voler le pigeon d'appel, on fait voler le faucon, ou le plumeau terrible, de façon à simuler un combat. L'oiseau passager a aperçu la manœuvre ; il y a là un camarade qui chasse ; il y a donc quelque chose à manger. « Si nous allions voir », se dit-il, et il suspend son voyage et se rapproche. C'est bien cela, il ne s'est pas trompé ; il y a du pigeon dans l'air. Dix minutes d'arrêt, buffet ! Et il se rapproche toujours davantage. Le voilà presqu'à portée. L'agitation de la pie-grièche est intense ; elle pousse des cris de terreur et se précipite au fond d'un petit réduit qu'on lui a ménagé et où elle se cache. Alors vous laissez retomber les filières des poteaux ; le pigeon d'appel pas plus rassuré que la pie-grièche, s'empresse de se mettre à l'abri et vous faites sortir le pigeon de leurre. Avec la rapidité de l'éclair, le faucon passager a fondu sur lui et l'a lié ; ils tombent à terre et alors tirant doucement sur votre pigeon, vous l'entraînez, lui et le faucon qui le tient et qui ne veut pas le lâcher, dans l'aire de développement du filet circulaire que vous fermez et rabattez sur les deux oiseaux. Le faucon est pris.

Messieurs, voici la pie-grièche sur son petit observatoire, à la porte de son *buen retiro*. Pour la protéger contre une surprise du faucon, on a soin de l'abriter en outre par des cerceaux à droite et à gauche ; ce sont les chevaux de frise de son petit castel :

(Projection : **La pie-grièche sur son observatoire.**)

Messieurs, la pie-grièche que vous venez de voir en peinture, la voici maintenant en nature. C'est un assez joli oiseau comme vous voyez, blanc, noir et gris perle. Vous le trouveriez peut-être encore plus joli, s'il y avait dessous un élégant chapeau et sous le chapeau une jolie femme.

C'est à son habileté à dresser des pies-grièches (auxquelles on peut aussi faire prendre de petits oiseaux), qu'un des ancêtres de la famille de Luynes dut ses premières faveurs à la Cour de Louis XIII. Lorsque d'Albert, duc de Luynes, né en 1578 à Pont-Saint-Esprit fut présenté à la Cour à l'occasion du mariage de Henri IV et de Marie de Médicis, on prétend que lui et ses deux frères n'avaient qu'un seul manteau qu'ils portaient tour à tour et qu'ils se repassaient lorsqu'ils allaient chez le roi. Mais ils étaient très forts sur tout ce qui tient à la chasse au vol, et Louis XIII les prit en affection. Depuis, il y a eu des de Luynes qui ont occupé de grandes situations, qui ont été des hommes de guerre remarquables, même des hommes de lettres de talent. Je vous ai montré la pie-grièche ; je ne puis pas vous montrer le duc de Luynes... il est à Clairvaux.

Voilà la chasse *du* faucon telle qu'elle se pratique encore en Hollande, où les anciens fauconniers du Loo ont été prendre leur retraite et où elle sert à remonter les équipages anglais qui envoient tous les ans un ou plusieurs de leurs hommes, après le passage d'automne, prendre livraison des hagards capturés par le vieux Mollen, ses fils ou ses élèves. J'y ai été moi-même, dans le temps, faire un séjour d'une huitaine de jours avec mon collègue et ami de l'équipage de Champagne, Julio Alfonso de Aldama. La saison du passage était déjà presque terminée, cependant nous partageâmes avec Mollen les longues attentes de la hutte et nous assistâmes à plusieurs prises. Puis, le soir, réunis dans la petite auberge de Valkenswaard autour du poêle de la salle commune, nous prîmes part à ces longues veillées des fauconniers où il s'agit de commencer le dressage en habituant l'oiseau à être porté sur le poing et en brisant son caractère farouche et indomptable par la privation de sommeil au moyen duquel on en vient très rapidement à bout. Rien de plus pittoresque que ces longues veillées dans cette salle fumeuse ornée tout autour de portraits de faucons et de scènes de chasse. Quelques-uns des amis de Mollen venaient nous tenir compagnie, et là, chacun avec un faucon sur le poing, attablés devant les immenses bocks de la Hollande, nous devisions jusqu'à une heure avancée de la nuit de choses de chasse et de sport et évoquions dans les spirales bleuâtres qui s'élevaient du fourneau des longues pipes en terre blanche, les souvenirs des temps passés. Et que de fois, remontés dans nos chambres d'auberge, nous avons vu le rêve donner un corps à ces souvenirs et pourfendant les monstres terribles de la forêt de Broceliande, eh ! ma foi ! nous avons délivré de belles damoiselles sur de blanches haquenées !

En quittant Valkenswaard nous passâmes par la Haye où nous rencontrâmes le prince d'Orange. La reine apprit par lui le singulier séjour que venaient de faire dans un coin retiré de la Hollande deux étrangers venus pour étudier sur place un art pour lequel elle avait été naguère très passionnée elle-même et elle voulut nous voir. Nous reçûmes un beau jour l'invitation de nous rendre au château pour y passer la soirée. C'est une cour très simple et très peu formaliste que celle de Hollande et lorsque nous arrivâmes au château, on ne fit pas du tout sortir la garde pour nous recevoir. Un suisse ou concierge, à moitié endormi, nous indiqua un escalier, puis toute une série de corridors peu éclairés où nous nous égarâmes si bien que nous n'osions plus continuer notre route, et comme dans la *Grande Duchesse*, Alfonso me demandait déjà « dans la chambre au fond du couloir, qu'est-ce qui va nous arriver, mon Dieu ? » lorsqu'une porte s'ouvrit et nous nous trouvâmes en présence de la reine qui prenait le thé avec quelques dames. On nous fit le plus gracieux accueil, et il fallut raconter par le menu tout le détail de notre séjour à Valkenswaard. Sa Majesté était très intriguée de savoir comment, ne connaissant pas la langue, nous avions pu nous tirer d'affaires dans ce coin écarté de son royaume et il fallut lui expliquer comment nous avions fait par exemple pour retrouver le cimetière des fauconniers de Valkenswaard que nous avions voulu visiter. Oh ! mon Dieu, c'était bien simple. Il avait neigé ce jour-là et quand nous rencontrions un paysan sur la route, Alfonso creusait un tour dans la neige, s'y couchait, et je faisais mine de l'ensevelir. Ceci joint à une pantomime énergique nous fit indiquer la route du champ de repos.

Messieurs, je vous ai parlé du dénichage des faucons pèlerins, de leur prise au moment du passage. Je voudrais vous dire quelques mots du dénichage de l'autour qui est encore assez fréquent dans nos forêts de haute futaie et que l'on peut se procurer plus facilement que le faucon pèlerin. C'est l'oiseau indiqué pour la petite chasse, ce que l'on appelait la *basse volerie* autrefois ; c'est l'oiseau pour gibier par excellence, le pourvoyeur de l'office et du garde-manger. Est-ce pour cela qu'au moyen âge on l'appelait « *cuisinier* » ou parce qu'on le gardait à la cuisine, son bloc placé près de la cheminée, pour qu'il se familiarisât davantage avec la présence de l'homme, le contact des chiens, les allées et venues de tout venant ? Je ne sais, mais il est de fait que pour que l'autour atteigne le maximum de perfection, il faut qu'il vive dans la plus grande intimité avec son maître, et qu'il soit tellement rompu et discipliné que rien ne l'effraye ni ne l'effarouche. C'est aussi peut-être pour cela qu'on ne le chaperonne jamais. L'autour n'existe plus aujourd'hui en Angleterre ; les derniers y furent dénichés au commencement du siècle par le colonel Thornton dont je vous ai déjà parlé.

Les Anglais étaient donc tributaires de l'Allemagne pour se remonter en autours lorsque nous recommençâmes à faire de la fauconnerie en France. Aujourd'hui, c'est nous qui les leur fournissons. C'est un commencement de revanche. On fait ce qu'on peut, n'est-ce pas ?

C'est ainsi que nous allons dénicher des autours dans la forêt de Lyons et autres grandes futaies. Au commencement, on ne savait pas bien ce que c'était qu'un autour, les gardes les appelaient de grands émouchets, de grands ceci, de grands cela. Aujourd'hui ils les connaissent et tous les ans nous en envoient vingt-cinq ou trente qui, après avoir fait un stage au Jardin d'Acclimatation, sont répartis dans les divers équipages et chez divers amateurs. Les autours nichent au sommet des plus grands arbres, plus souvent en lisière que dans le centre des massifs que préfèrent les buses. C'est vers le 20 juin que les jeunes sont bons à prendre. Vers cette date, nous nous rendons dans la forêt de Lyons avec les ébrancheurs patentés de l'État ; les gardes nous conduisent aux nids qu'ils ont surveillés et un ébrancheur ou monteur ayant fixé à ses pieds des griffes de fer, entreprend l'escalade. D'autres ébrancheurs se tiennent prêts à escalader rapidement les arbres voisins dans le cas où les jeunes oiseaux, prenant leur vol au moment où l'on arrive à l'aire, iraient s'y percher ; cependant ils tombent généralement à terre. C'est une poursuite qui ne manque pas d'animation. L'habitude qu'ils ont de vivre dans les arbres a donné aux pieds des ébrancheurs une inclinaison toute particulière, si bien que lorsque vous voyez marcher un ébrancheur vous le reconnaissez facilement à la façon dont son pied ne repose pas à plat sur le sol et porte sur le bord externe. C'est exactement de cette manière que marchent les singes. Regardez marcher un singe ; c'est sur la tranche de son pied qu'il appuie, comme un ébrancheur.

On déniche les autours partout de la même façon. Comme je n'ai pas d'ébrancheur français sous la main, vous ne serez peut-être pas fâchés de voir un ébrancheur japonais prenant des autours. En voici un dans l'exercice de ses fonctions :

(Projection : Dénichage d'autours au Japon.)

L'année de la guerre, une petite bande de fauconniers dont je faisais partie, revenait d'un dénichage d'autours ; nous avions nos oiseaux dans des paniers et nous les avions déposés sur le quai de la gare où nous allions prendre le train. Il faut croire que nous avions l'air un peu réactionnaire ! Un commissaire de surveillance nouvellement nommé, un commissaire de nouvelle couche, qui avait rôdé autour de nos bagages, s'avisa de nous demander ce que nous avions là. L'un de nous eut la malheureuse idée de lui dire d'un air narquois que c'était des aigles... en accentuant. Ce commissaire de surveillance n'en était pas un lui-même et absolument étranger aux pratiques de la fauconnerie, il se fâcha lorsque nous lui dîmes que nous comptions dresser ces oiseaux pour la chasse. Il se révolta à l'idée qu'en plein xixᵉ siècle, au lendemain de la proclamation de la République, il pût y avoir encore des gens avec des aigles, qui allaient chasser au faucon ! Chasse au faucon, temps prohibé, ancien régime, justes lois (il y avait déjà de justes lois) ! Si bien que notre homme nous fit passer dans son cabinet et nous y enferma à double tour, le temps de demander des instructions à la préfecture. Se souvenant de la légende du débarquement à Boulogne, du prince Louis-Napoléon avec un aigle apprivoisé, il télégraphia à la préfecture qu'il venait de mettre la main sur une bande de conspirateurs venant d'Angleterre par des voies détournées, avec une cargaison d'aigles et qui se proposaient évidemment de renverser la République. Heureusement qu'à la préfecture, on connaissait le personnage comme très ombrageux. On nous connaissait aussi comme portant moins ombrage et nos moyens révolutionnaires ne parurent pas suffisants au gouvernement de M. Thiers pour maintenir notre arrestation. Deux heures après, notre farouche geôlier recevait une dépêche lui disant : « Relâchez vos prisonniers, vous avez fait une bêtise. » Cette fois encore la fauconnerie l'avait échappé belle !

L'autour est, par excellence, le chasseur de poil. On le dresse aujourd'hui presqu'exclusivement pour le lièvre et le lapin. Il peut travailler dans les futaies et sous bois aussi facilement que le faucon pèlerin en plaine, et c'est ainsi que l'utilisent nos fauconneries modernes, en Angleterre : Lord Lilford, le capitaine Salvin, M. Mann, M. Riley ; en France : MM. Barrachin, Cerfon, Gervais, Belvallette. Chez MM. Gervais et Barrachin, nous furetons les lapins sous bois, un autour sur le poing. L'oiseau a appris à connaître les furets et ne s'occupe d'eux que pour suivre leurs évolutions avec intérêt. Dès que le lapin s'élance hors de son terrier, l'autour le suit. Son adresse à éviter les troncs d'arbres et les branches est merveilleuse ; au bout de 100 à 200 mètres, le lapin est pris. Mais parfois il se débarrasse de l'étreinte de son adversaire et réussit à se terrer. Alors l'autour revient attendre un nouveau départ sur le poing de son maître ou se perche sur un arbre voisin d'où il juge que sa descente sera plus avantageuse. Avec un bon tiercelet d'autour, nous avons pris en plein bois, chez M. Paul Gervais, jusqu'à 23 lapins d'affilée sans en manquer un.

Si vous voulez voir un autour prenant un lièvre, nous allons lâcher un lièvre :

(PROJECTION : **Autour prenant un lièvre.**)

Voilà l'autour prenant un lièvre ; il lui a sauté sur le dos, lui a mis une main au collet et de l'autre il lui chatouille les reins d'une façon désagréable.

Comme contraste, nous allons vous faire voir la prise d'un oiseau en l'air, par un faucon de haut vol :

(PROJECTION : **Pèlerin prenant un canard.**)

Voilà le faucon qui a pris un canard. Après être monté à une grande hauteur au-dessus du canard, il s'est laissé tomber dessus comme une balle et simplement en le froissant dans sa descente, en le frappant avec ses serres, il lui a cassé le col.

* * *

M. P. Gervais est assurément le plus expert des fauconniers que nous ayons aujourd'hui en France. Il a étudié son art dans les divers pays où on le pratique encore, et son enthousiasme était tel à un certain moment qu'il fallait que tout le monde chez lui s'occupât du dressage des oiseaux ; le jardinier portait un faucon ; le cocher portait un faucon ; le concierge portait un faucon ; tous les membres de sa famille portaient des faucons au moment du dressage ; c'était comme pour une moisson de plumes, il fallait que tout le monde mît la main à l'ouvrage pour rentrer la récolte, et quand on disait que c'était fatigant, M. Gervais répliquait : « changez de bras, mettez-le sur l'autre », mais il fallait que tout le monde portât son oiseau.

M. Gervais a introduit chez lui le mode de piégeage des faucons de passage usité en Hollande et sur les plateaux de la Brie, aux environs de Meaux, il a fait chaque année à la hutte, que je vous ai décrite tout à l'heure, des prises d'oiseaux superbes. Il n'a pas dressé que des faucons ; il a dressé un fauconnier : Gille, chez qui la vocation s'est aussi déclarée d'une façon intense et qui est certainement aujourd'hui passé maître. M. Gervais a eu presque toutes les espèces d'oiseaux de vol et même un aigle doré rapporté du Turkestan par MM. Benoît-Maichin et de Mailly-Nesles. L'aigle doré n'est pas usité chez nous, mais en Orient on le dresse pour de grosses proies que le faucon serait impuissant à arrêter ; le loup, le renard, l'antilope, l'onagre ou âne sauvage. La difficulté est d'amener l'aigle à avoir assez faim pour qu'il se donne la peine de chasser et de poursuivre. Cet oiseau a, ce que j'appellerai, l'estomac philosophique. Il se dit que ce n'est pas beaucoup la peine de se donner tant de mal pour gagner de vitesse une proie qui ne lui procurera peut-être après tout qu'une déception culinaire. Il aime donc mieux attendre une bonne occasion pour se procurer facilement sa nourriture.

L'aigle doré de M. Gervais s'appelait « Auguste ». Il est mort l'an dernier seulement, et comme chez nous les ânes ne sont pas sauvages, c'est une autre proie qu'on lui faisait voler à Rosoy. Je crois que la mère Michel a dû souvent réclamer son chat dans les endroits où l'aigle de M. Gervais faisait son déplacement de chasse, mais cela, c'est entre nous, n'est-ce pas, et je vous prie de n'en rien dire. D'abord, Auguste est mort l'an dernier et c'est à lui à se débrouiller maintenant, sur les sombres bords, avec les mânes des chats qu'il y rencontrera !

(Projection : Aigle doré.)

Voici l'aigle de M. Gervais. Vous le voyez là de grandeur naturelle.

Une autre espèce d'aigle, d'un emploi peu fréquent chez

nous, mais que nous croyons reconnaître dans le *million* des anciens auteurs, le Bonelli, est beaucoup plus petit que l'aigle doré ; par conséquent, il est d'un maniement plus facile. M. Barrachin possède deux de ces aigles, dont l'un est dressé au lapin comme un simple autour et se tire parfaitement de sa tâche, volant sous bois et se débrouillant dans les taillis avec beaucoup plus d'agilité qu'on ne pourrait le supposer chez un aussi gros oiseau.

(Projection : **Aigle Bonelli.**)

Voici un des aigles de **M.** Barrachin. Bonelli est son nom officiel, son nom d'Histoire... naturelle ; dans la vie privée, pour les dames, il s'appelle « Jupin ». L'établissement de fauconnerie de M. Barrachin est à une petite distance de Paris, et vous avez dû le rencontrer plus d'une fois, à la gare du Nord, allant voir ses oiseaux. Il a toujours à la main un sac de nuit dans lequel il y a des lapins et un tas de choses excellentes à manger pour les faucons.

* * *

C'est en Angleterre qu'il faut aller pour trouver aujourd'hui des équipages de fauconnerie vraiment dignes de ce nom. Le Old Hawking Club existe depuis 1863 et compte parmi ses membres actifs lord Lilford, M. Newcome le fils de l'ancien sociétaire du Loo, M. Saint-Quintin, le comte de Londesborough, le duc de Saint-Albans, fauconnier héréditaire de la couronne d'Angleterre, etc. Les faucons pèlerins, au nombre d'une quinzaine, sont sous la direction immédiate de l'Hon. Gerald Lascelles, et le fauconnier en chef est John Frost, un élève de M. Newcome, le père. Le Old Hawking Club a particulièrement réussi le dressage des faucons hagards pour le gibier et notamment le grouse. Pour bien réussir ces vols, il faut que les oiseaux soient complètement sous la domination de leur maître, ce qui est toujours difficile à obtenir avec des faucons pris sauvages. Il n'est pas probable que les anciens fauconniers aient jamais atteint une semblable perfection. C'est au Old Hawking Club que j'ai fait mes premières armes sur les dunes de Salisbury où, pendant les mois de mars et avril, le Club se réunit pour voler la corneille. Je me souviens y être allé une fois avec mon pauvre ami Chéri-L. Montigny qui eût fait un fauconnier de premier ordre s'il avait vécu, mais il est mort d'une façon horrible, mordu par un chien enragé. C'était le fils de Montigny, le directeur du Gymnase, et de cette excellente artiste, Rose Chéri, si appréciée et si honorée par tous ceux qui l'ont connue, non pas tant pour son talent, que pour cette renommée d'honnêteté et de vertu, qu'elle avait su conquérir jusque sur les planches.

Chéri-Montigny ne parlait pas un mot d'anglais, il ne connaissait que quelques poésies enfantines que l'on apprend dans les « nurseries » et il nous amusait beaucoup en les appliquant à tort et à travers. Il lui est arrivé de traiter un vieux fauconnier barbu de « pretty girl » et une pimpante laitière de « old boy ».

Après le Old Hawking Club, l'équipage le plus important de l'Angleterre est celui du major Fisher, de Stroud, dans le Glocestershire. Il chasse aussi la corneille dans les plaines de Salisbury. Mais sa grande spécialité est le grouse d'Écosse.

(Projection : **Équipage Fisher.**)

Voici un déplacement de chasse du major Fisher que vous reconnaîtrez au milieu du groupe, avec sa barbe blanche, derrière le cadre qui porte les oiseaux. Je vous signale son chien d'arrêt, un fameux! Ce chien mène à la remise où son odorat lui révèle la présence du gibier; les faucons volent en l'air au-dessus du chien dont ils comprennent le travail et qu'ils suivent comme les chasseurs, sachant que lorsque le pointer marque l'arrêt, les grouses vont s'envoler et que ce sera à leur tour de payer de leur personne.

(Projection : **Équipage Mann.**)

Voici maintenant l'équipage de M. Mann. M. Mann n'entretient des faucons que depuis cinq ou six ans, mais il en a d'excellents, sous la direction d'A. Frost, son fauconnier, le frère du fauconnier du Old Hawking Club. Vous le voyez se promener, un autour sur le poing, au milieu des blocs sur lesquels « jardinent » les pèlerins.

(PROJECTION : **Equipage Watson.**)

Voici enfin les oiseaux du major Watson, du 11e hussars. Le 11e hussars est un des plus beaux régiments de cavalerie de l'Angleterre et les vols de l'équipage du major Watson font le bonheur des différentes garnisons que ce régiment a été appelé à occuper.

* * *

Messieurs, tel est l'état de la fauconnerie en Europe, de nos jours. C'est en Orient qu'il faudrait aller pour retrouver les grands équipages et les grands sports de Bajazet et des croisades. Le temps me manque pour vous y conduire ; c'est un peu loin, et je ne puis que vous faire entrevoir, dans la vision rapide d'une projection, nos Arabes d'Algérie sous la tente, vivant dans la plus grande intimité avec leurs oiseaux.

(PROJECTION : **Tente arabe.**)

Puis le fauconnier arabe lancé au grand galop à travers le désert, ses oiseaux perchés sur son épaule, sur son turban et l'entourant comme d'une auréole de plumes. Ceci est d'après un tableau populaire de Fromentin.

(PROJECTION : **Fauconnier arabe.**)

La réintroduction de la fauconnerie nous a fait connaître, Messieurs, un autre sport qui tient de près à la fauconnerie ; c'est la pêche au cormoran, c'est la fauconnerie sous l'eau. La pêche au cormoran n'avait pas été pratiquée en France depuis bien longtemps. Vous savez qu'elle se pratique en Chine et au

12

Japon. L'amiral Layrle m'a dernièrement rapporté une photographie prise sur un fleuve du Japon, à Gifu, et vous allez voir comment les Japonais s'y servent du cormoran. Vous savez que c'est un oiseau d'eau à pieds palmés comme le canard. Son gosier est très grand, très large. On lui met un collier au bas du cou de sorte que lorsqu'il prend un poisson, il ne peut l'avaler et est obligé de le rapporter à son maître dans les profondeurs de son œsophage.

(PROJECTION : Rivière de Gifu.)

Le dressage du cormoran est un peu comme celui du faucon. C'est un apprivoisement et un dressage à revenir quand on l'appelle. Chacun des bateaux de pêche que vous voyez sur cette rivière est accompagné de douze cormorans que vous apercevez nageant autour de l'embarcation de leur maître.

La fauconnerie avait introduit la pêche au cormoran en Angleterre ; nous avons fait la même chose en France.

(PROJECTION : Cormorans anglais.)

Voici le capitaine Salvin, un de nos excellents confrères anglais, pêchant dans une rivière du Yorkshire avec ses cormorans.

J'avais jadis raconté au prince Napoléon la façon dont je pêchais au cormoran. Le prince Napoléon avait épousé, vous le savez, la fille du roi d'Italie Victor-Emmanuel qui était grand amateur de sport et avait à Monza une ménagerie très bien entretenue. Le prince ne se rappelait pas bien ce que je lui avais dit, et il raconta au roi d'Italie qu'il connaissait quelqu'un qui pêchait avec des pélicans. Le roi fit aussitôt venir son faisandier et lui dit : « Vous avez des pélicans qui ne font rien que manger toute la journée. Il faut les faire pêcher. » Et voilà le faisandier qui entreprend, respectueux de la volonté royale, le dressage de ses pélicans, mais il avait beau les porter toute la journée sur un bras et changer de bras quand il était fatigué, il n'arrivait à rien. Si bien qu'à un voyage du prince Napoléon en Italie, le roi lui exprima son déplaisir et son insuccès. J'eus à subir au retour du prince, en France, le contre-coup de ces sanglants reproches ; nous eûmes une explication d'où il résulta qu'il y avait eu erreur, et que cormoran et pélican pour être de la même famille ne sont cependant pas la même chose.

*
* *

Messieurs, voilà en peu de mots (en peu de mots ? en trop de mots, je le crains !) l'histoire de la fauconnerie passée et présente. Ce qu'elle sera dans l'avenir... dame c'est à vous à le faire cet avenir. Il y a évidemment un réveil de ce sport qu'il faut entretenir ; les excellents traités de nos contemporains : Magaud d'Aubusson, Cerfon, Foye, Belvallette, en France, Salvin et Harting, en Angleterre, y contribueront puissamment en évitant bien des écoles. A l'Exposition universelle, une section de l'Histoire du Travail avait été consacrée à la fauconnerie. Il y a dans ce moment à Londres, à la Grosvenor Gallery, une Exhibition de sport où la fauconnerie occupe une place importante, et je vous engage à l'y aller voir.

Donc les instruments de travail ne manquent pas ; il ne faut qu'un peu de bonne volonté et de persévérance.

N'aurions-nous plus, Mesdames, cette ténacité et cette ardeur que Shakspeare signale comme étant le propre du fauconnier français :

We'll e'en to it like French Falconers.

Nous poursuivrons, nous atteindrons notre but comme des fauconniers français.

et faudrait-il prendre dans son mauvais sens le jeu de mots contenu dans la devise des fauconniers du Loo :

Mon espoir est en pennes.

Non, Messieurs, j'aime mieux m'arrêter sur cette autre devise d'un de nos fauconniers contemporains :

Tout vient au poing de qui sait s'y prendre.

ou bien encore sur cette autre du xviᵉ siècle, faisant allusion au chaperon qui aveugle momentanément la vision de l'oiseau :

Post tenebras lux.
Après les ténèbres la lumière.

Sans doute, il sera plus commode et plus sûr aujourd'hui pour nos ménagères d'aller aux halles centrales approvisionner notre garde-manger, et le cordon bleu a détrôné le *cuisinier* ; mais la fauconnerie n'en conservera que davantage son caractère noble, désintéressé, artistique.

Sans doute, vous ne réussirez pas du premier coup, sans doute vous aurez des déceptions et sans doute aussi quelques mécomptes, mais n'est-ce pas là toute la vie et ne faut-il pas que l'âme se trempe aussi bien aux petites, qu'aux grandes choses ! Ah ! Messieurs, ce n'est pas d'hier, allez, qu'un fauconnier fameux, Gace de la Bigne, chapelain du roi Jean pendant sa captivité en Angleterre, écrivait dans son vieux langage :

De chiens, d'oiseaux, d'armes, d'amour,
Pour une joie, cent doulours !

VERSAILLES, IMPRIMERIE CERF ET FILS, RUE DUPLESSIS, 59.

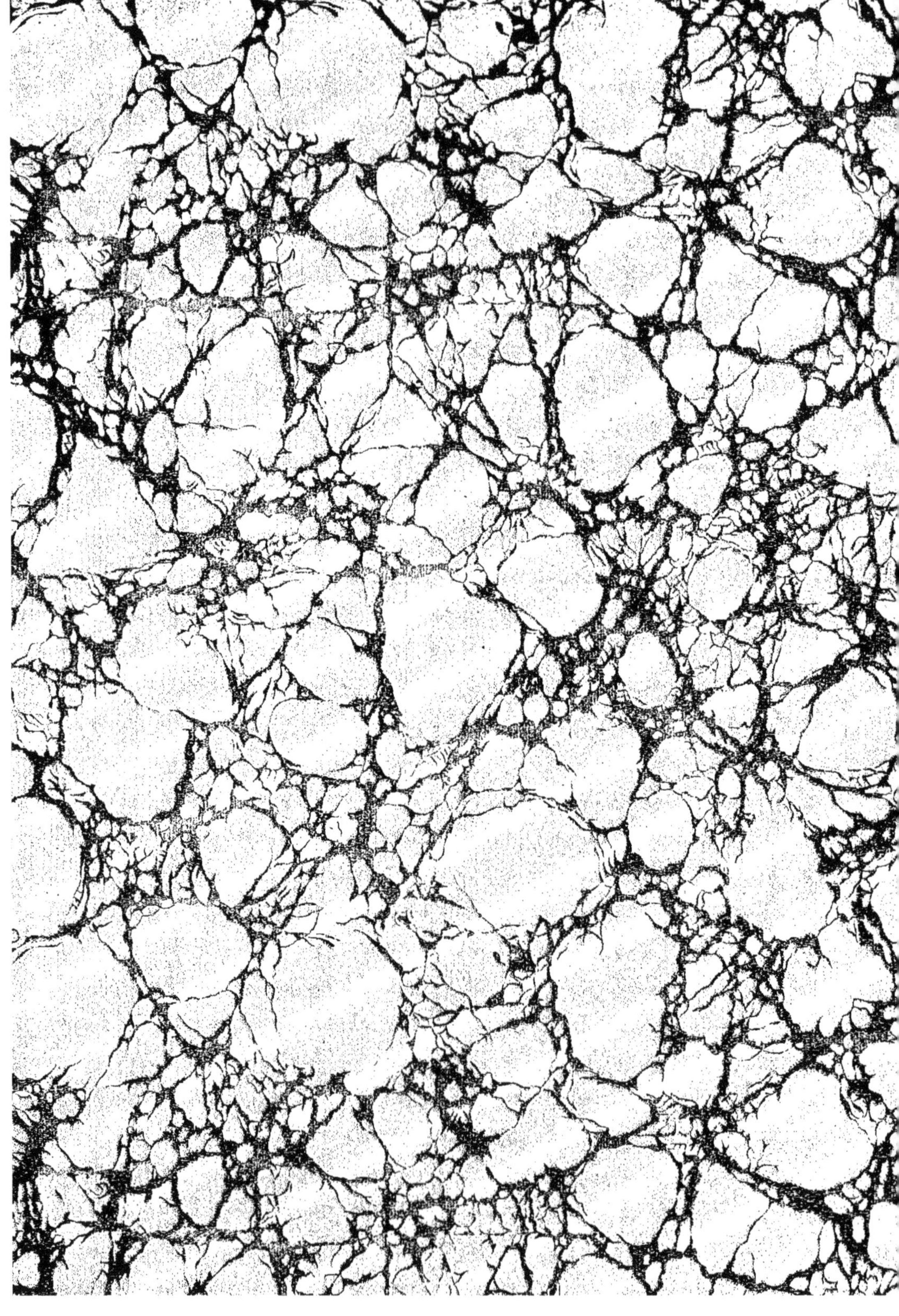

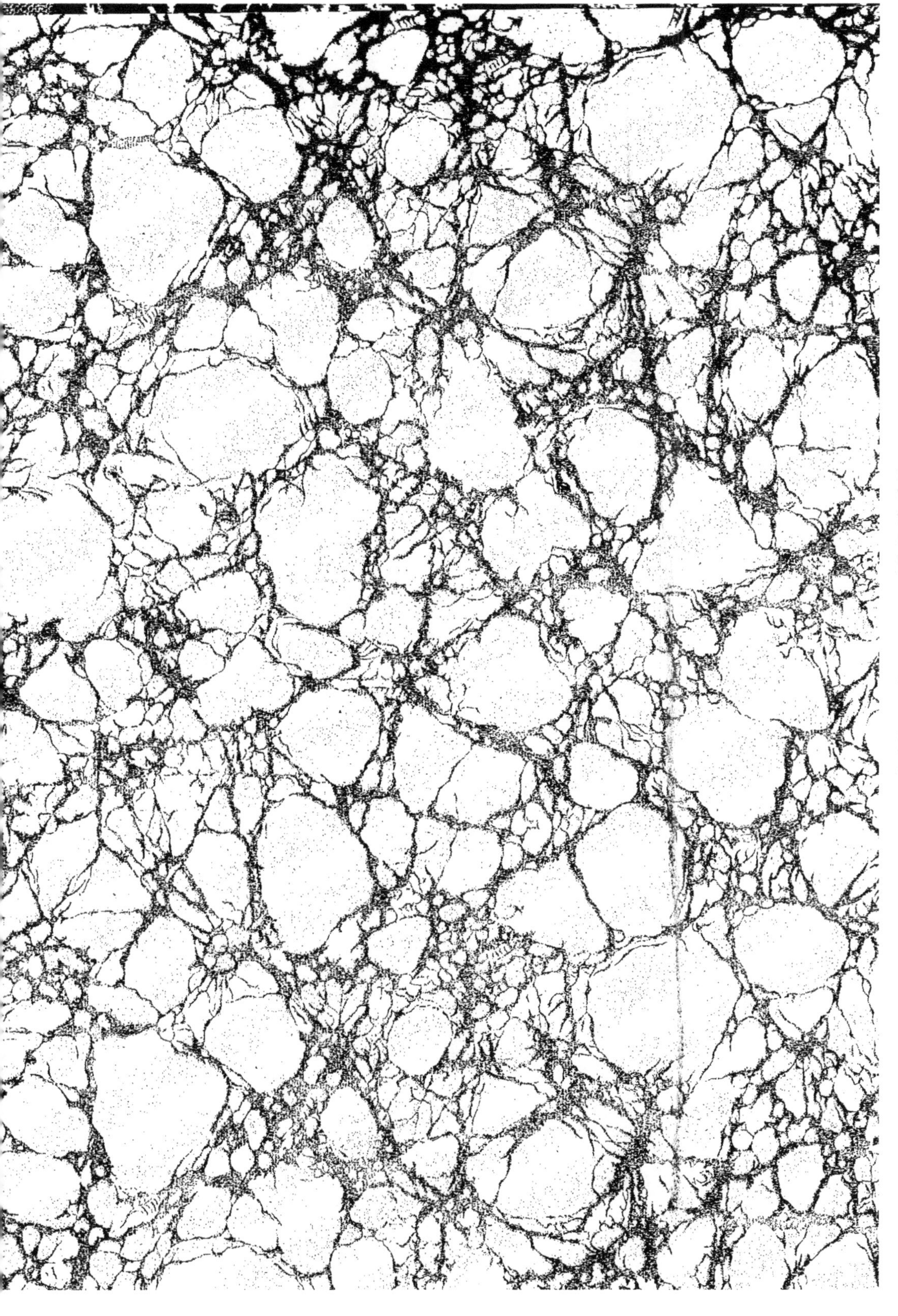

www.ingramcontent.com/pod-product-compliance
Ingram Content Group UK Ltd.
Pitfield, Milton Keynes, MK11 3LW, UK
UKHW020316130726
13696UKWH00003B/1094